Instal·lació i manteniment electromecànic i conducció de línies

Altres publicacions de l'autora:

Llibres

- **1**. *Problemas resueltos de ajustes y tolerancias*, Ed. Lulu, ISBN 978-1-291-95774-7, 2014.
- **2**. *Materiales empleados en fabricación mecánica:Programación didáctica*, Ed. Lulu, ISBN 978-1-291-99677-7, 2014.

Capítols de llibre

- **1**. *Photochemical treatment for water potabilization*, en *X, IUPAC Symposium on Photochemistry book of Abstracts*, ISBN 84-95936-33-X, 2004.
- **2**. *Metodo secuencial por pasos para la resolucion de problemas de automatismos neumaticos por el Metodo Cascada*, en *IX Jornades d'Intercanvi d'experiències docents: Els reptes del professorat al segle XXI*, ISBN: 978-84-482-5437-7, 2010.

Articles didàctics

- **1**. *Desarrollo de un proyecto practico para el estudio de materiales usados en fabricacion mecánica*, en *Alambique: Didáctica de las ciencias experimentales*, **70** (2012) 109-114.
- **2**. *Sistema alternativo para la resolucion de circuitos neumaticos por el metodo Cascada*, en *Quaderns Digitals*, **64** (2010).
- **3**. *Resolución gráfica de problemas de ajustes y tolerancias*, *Quaderns Digitals*, **70** (2011).

Articles científics

Co-autora de 12 articles a revistes científiques:

- **1**. A soluble and reusable colorimetric sensor based on the covalent attachment of a triarylpentenedione to poly(ethylene glycol). *European Journal of Organic Chemistry 2005* 3045. ISSN: 1434-193X (print) 1099-0690 (online).
- **2**. Monomers that form conducting polymers as structure-directing agents: synthesis of microporous molecular sieves encapsulating poly-para-phenylenevinylene. *Chemistry - A European Journal* **2007** *13* 8733. ISSN: 0947-6539 (print), 1521-3765 (online).
- **3**. Electrolyte-drive electrochemical amplification by poly(thienylacetylene) encapsulated within zeolite Y. *Electrochemistry Communications* **2006** *8* 1335. ISSN: 1388-2481
- **4**. Preparation and conductivity of PEDOT encapsulated inside faujasites.*Chemical Physics Letters* **2005** *415* 271. ISSN: 0009-2614
- **5**. 1,3,5-triaryl-2-penten-1,5-dione anchored to insoluble supports as heterogeneous chromogenic chemosensor.*Tetrahedron* **2004** *60* 8257. ISSN: 0040-4020
- **6**. Increasing the stability of electroluminescent phenylenevinylene polymers by encapsulation in nanoporous inorganic materials. *Chemistry of Materials* **2004** *16* 2142. ISSN 0897-4756
- **7**. Second harmonic generation of C60 incorporated in alkali metal ion zeolites and mesoporous MCM-41 silica. *Chemistry of Materials* **2005** *17* 4097. ISSN 0897-4756
- **8**. Reversible porosity changes in photoresponsive azobenzene-containing periodic mesoporous silicas. *Chemistry of Materials* **2005** *17* 4958. ISSN 0897-4756
- **9**. Synthesis and photochemical properties of poly(2,5-dimethoxy-p-phenylenevi-nylene) hosted in the intergallery spaces of montmorillonite. *Journal of Physical Chemistry B* **2006** *110* 16887. ISSN 1520-6106
- **10**. Electrochemiluminescence of zeolite-encapsulated poly(p-phenylenevinylene). *Journal of the American Chemical Society* **2007** *129* 8074. ISSN 0002-7863
- **11**. Single-molecule spectroscopy reveals the conformational heterogeneity of conducting polymers encapsulated within hollow silica spheres. *Journal of Physical Chemistry C* **2008** *112* 4104. ISSN 1932-7447
- **12**. Confinement effect of nanocages and nanotubes of mesoporous materialson the keto forms photodynamics of Sudan I. *Chemical Physics Letters* **2009** *474* 325. ISSN: 0009-2614.

Instal·lació i manteniment electromecànic i conducció de línies

Encarnación Peris Sanchis

Qualitat en el Muntatge i Procés

Automatismes Elèctrics, Pneumàtics i Hidràulics

Seguretat en el Muntatge i Manteniment d'Equips i Instal·lacions

2014

Primera edició: 2014

ISBN 978-1-326-00189-6

Continguts

Prefaci...1

Introducció 1
  Justificació de la programació didàctica.........................1
  Marc legal 1
  Estratègies metodològiques..2
  Tipus d'activitats...4
  Criteris i instruments d'avaluació i recuperació 5

Qualitat en el Muntatge i Procés 11
  El crèdit..11
  Objectius del crèdit...11
  Recursos...12
  Seqüència i temporització de les Unitats Didàctiques.13
  UD 1: Qualitat i productivitat.......................................14
  UD 2: Normatives de Qualitat......................................17
  UD 3: Manuals de Qualitat..20
  UD 4: Assegurament de la Qualitat...............................23
  UD 5: Tècniques Estadístiques de Control de Qualitat 26
  UD 6: Tècniques d'Analisi Sistemàtica de Problemes ..29
  UD 7: Metrologia i Tècniques de Mesura.......................32

Automatismes Elèctrics, Pneumàtics i Hidràulics 35
  El crèdit..35
  Objectius del crèdit...35
  Recursos...36
  Seqüència i temporització de les Unitats Didàctiques.37
  UD 1: Principis d'Automatització...................................38
  UD 2: Sistemes de Control Pneumàtic i
Electropneumàtic..44
  UD 3: Màquines i Quadres Elèctrics 50
  UD 4: Àlgebra de Boole. Aplicacions 56
  UD 5: Autòmats Programables 62
  UD 6: Sistemes de Control Hidràulic i Electrohidràulic
....67

UD 7: Instrumentació Mecànica i Elèctrica......................73

Seguretat en el Muntatge i Manteniment d'Equips i
Instal·Lacions 79
    El crèdit..79
    Objectius del crèdit...79
    Recursos 80
    Seqüència i temporització de les Unitats Didàctiques.81
    UD 1: Plans i Normes de Seguretat i Higiene...................82
    UD 2: Factors i Situacions de Risc 85
    UD 3: Mitjans, Equips i Tècniques de Seguretat.............87
    UD 4: Situacions d'Emergència 89
    UD 5: Prevenció i Protecció del Medi Ambient..............92

Prefaci

Aquest llibre recull les programacions didàctiques corresponents als crèdits: *"Qualitat en el muntatge i procés"*, *"Automatismes elèctrics, pneumàtics i hidràulics"* i *"Seguretat en el muntatge i manteniment d'equips i instal·lacions"* del cicle formatiu de grau mitjà (CFGM) *"Instal·lació i manteniment electromecànic i conducció de línies"*, que pertany a la família de Manteniment i Serveis de Producció. Les programacions corresponents als crèdits restants d'aquest cicle formatiu es presentaran en successius llibres. S'ha inclòs tant una guia metodològica d'impartició de classes, recursos necessaris, i el desenvolupament detallat de totes les Unitats Didàctiques i els Nuclis d'Activitat corresponents. Aquest llibre (i els següents de la sèrie) pretenen per tant ser un ajut als Professors de Formació Professional que imparteixin algun d'aquests crèdits.

Encarnación Peris Sanchis

Introducció

Justificació de la programació didàctica

En el procés d'ensenyament-aprenentatge, l'administració educativa marca uns mínims en quant a objectius, continguts, criteris d'avaluació i durada del procés denominat primer nivell de concreció curricular. És necessari per tant realitzar una adaptació de les intencions educatives marcades per l'administració a la realitat del centre i del grup d'alumnes.

Per tal de poder dur a terme aquesta adaptació sorgeixen una sèrie de processos de presa de decisions, tal com el projecte curricular del centre, les programacions didàctiques dels departaments i, en últim lloc, l'adaptació d'aquestes programacions a cada grup en concret mitjançant el desenvolupament de les unitats didàctiques plantejades a la programació.

Aquest llibre recull les programacions didàctiques corresponents als crèdits: *"Qualitat en el muntatge i procés"*, *"Automatismes elèctrics, pneumàtics i hidràulics"* i *"Seguretat en el muntatge i manteniment d'equips i instal·lacions"* del cicle formatiu de grau mitjà *"Instal·lació i manteniment electromecànic i conducció de línies"*, que pertany a la família de Manteniment i serveis de producció. Les programacions corresponents als crèdits restants d'aquest cicle formatiu es presentaran en successius llibres.

Marc legal

El present document desenvolupa les programacions didàctiques dels crèdits *"Qualitat en el muntatge i procés"*, *"Automatismes elèctrics, pneumàtics i hidràulics"* i *"Seguretat en el muntatge i manteniment d'equips i instal·lacions"*, de manera que siguin adaptables i obertes als canvis que es produeixin en el procés educatiu.

La programació didàctica, competència del professor, suposa el tercer nivell de concreció curricular, i el seu disseny es troba limitat al que descriu en la normativa oficial. El primer nivell de concreció condicionant l'estableixen el Títol del Cicle Formatiu (R.D. 2045/1995), així com el D.197/1997 pel qual s'estableix el currículum del cicle formatiu de grau mitjà de *"Instal·lació i manteniment electromecànic i conducció de línies"* a Catalunya.

Estratègies metodològiques

Seguirem 5 **principis metodològics:**

- Impulsar la participació activa de l'alumne.
- Partir del nivell de coneixements de l'alumne.
- Incentivar l'aprenentatge significatiu.
- Estimular les connexions intradisciplinars i interdisciplinars entre els continguts.
- Desenvolupar la capacitat d'aprendre a aprendre.

Per a seguir aquests principis aplicarem un *estil docent democràtic*. Aquest mètode afavoreix el comportament actiu i espontani de l'alume i crea una atmosfera satisfactòria per a treballar. S'ha d'emprar un to afable en les discussions i referir-se al grup quan parlem. Serem oberts i flexibles. S'incentivarà el companyerisme i el sentiment de pertinència al grup. Es dialogarà. Es proposaran accions en grup: dinàmiques en grup que es duran a terme a l'aula i treballs escrits fora de l'aula, per a obtenir millors resultats. No hem d'oblidar que ens trobem en un crèdit de Formació Professional Específica i que la nostra obligació és formar l'alumne per a que s'integri en l'empresa i sigui un bon professional. Així, els treballs en grup permetran que l'alumne es familiaritzi amb els mètodes de treball que posteriorment es trobarà a l'empresa i que afavoriran la seva integració i el desenvolupament de les seves capacitats de cooperació i solidaritat. Els grups seran de 4 persones en els treballs en els que es valori la discussió i el debat de solucions. Es realitzaran grups de 2 persones quan es vulgui obtenir un resultat ràpid a propostes de certa complexitat. Amb els grups reduïts s'incentiva la presa ràpida de decisions.

A l'inici de cada unitat didàctica, presentarem la unitat explicant els objectius i els continguts resumits. Intentarem *motivar* l'alumne mitjançant un breu resum sobre la importància dels continguts tractats, fent especial menció de les seves aplicacions. Quan comencem una classe realitzarem un petit repàs de la classe anterior per a refrescar la memòria. Ens recolzarem en esquemes-resum i material didàctic per a que l'alumne entengui bé els continguts. Aquests continguts es desenvoluparan a través d'exemples i exercicis immediats d'aplicació, en els que el professor actuarà de simple orientador i seran els alumnes els que hauran d'arribar a la seva resolució.

Emprarem varis **mètodes d'impartició**:

• *Mètode expositiu* (classe magistral) per als continguts de caràcter conceptual. Alternarem cada aspecte teòric amb un exemple o una aplicació pràctica. Quan hi hagui una forta càrrega teòrica és recomanable realitzar petits talls en els que inserirem una aplicació de la vida real per a que el nivell d'atenció no disminueixi.

• Alternarem el mètode expositiu amb el *mètode interrogatiu*, amb preguntes als alumnes que fomentin l'aprenentatge assaig-error (els alumnes proven una solució a un problema i si és incorrecta, tornen a intentar una altra solució possible). S'incentiva la participació en classe, la iniciativa i la motivació de l'alumnat. Així, ja que molts alumnes compatibilitzen els estudis amb treballs en empreses de l'àrea de la fabricació mecànica, s'intentarà que siguin els mateixos alumnes els que aportin exemples pràctics. Prepararem les preguntes i les possibles respostes equivocades dels alumnes. També completarem les respostes dels alumnes en cas de que sigui necessari.

• Aplicarem també el *mètode demostratiu*. Els alumnes realitzaran exemples similars als realitzats a classe pel professor. Amb aquest mètode s'induirà un aprenentatge per imitació. Es pot aplicar aquesta metodologia per a treballar els continguts de procediments.

Emprarem varies **tècniques grupals** en funció del moment i el tipus d'activitats.

• En començar el curs podem emprar *l'entrevista* com a tècnica grupal, per tal de conèixer els alumnes.

• Per a resoldre les preguntes llançades als alumnes emprarem la *tècnica del grup nominal*, en la que els alumnes aportaran les seves opinions de forma individual i sumarem els resultats emprant la votació per a conseguir una valoració grupal.

• Quan es proposin exercicis es pot emprar la tècnica de grup *estudi de casos*, que consisteix en analitzar i avaluar en petits grups un cas o situació amb tots els seus detalls per tal de treure'n conclusions.

Tipus d'activitats

A les unitats didàctiques es realitzaran diferents tipus d'activitats d'ensenyament-aprenentatge. Les activitats es poden classificar en:

• *Activitats de presentació i motivació (PM)*. En començar una unitat didàctica presentarem els continguts i els objectius, intentant així motivar l'interès de l'alumne i fer-li veure la importància dels continguts tractats i la seva aplicabilitat.

• *Activitats de coneixements previs (CP)*. Serveixen per a determinar els coneixements previs que posseeix l'alumne per a poder ajustar el nivell de continguts a desenvolupar en la unitat didàctica.

• *Activitats de suport a l'explicació (SE)*. Aquestes activitats són necessàries per al desenvolupament dels continguts. Són activitats concretes i específiques per a cada unitat didàctica. Inclouen tant exemples exposats pel professor com problemes proposats a classe.

• *Activitats de consolidació de coneixements (CC)*. En acabar la unitat didàctica es proposaran activitats per a refermar els coneixements, així com avaluar el grau d'adquisició. Les activitats poden ser pràctiques que consisteixin en un treball individual o grupal. Normalment es realitzaran pels alumnes fora del centre (a les seves cases). Una altra possibilitat és que les activitats es preparin a casa i després es resolguin en el centre. En qualsevol cas, les activitats han de suposar un esforç o estudi addicional fora de l'horari lectiu. El professor observarà els alumnes i els assessorarà.

- *Activitats de reforç (AR)*. Per als alumnes amb necessitats educatives específiques per dificultats d'aprenentatge, per condicions personals, etc.
- *Activitats d'ampliació (AA)*. Per a aquells alumnes que hagin realitzat de forma satisfactòria les activitats propostes i que van encaminades a aprofundir certs continguts. Aquestes activitats no incrementaran el nombre de sessions, sinó que es realitzaran paral·lelament a algunes de les anteriors i s'hauran de preparar per l'alumne a casa.
- *Activitats d'avaluación (Av)*. Es realitzarà una prova objectiva durant cada trimestre per dur a terme l'avaluació contínua o formativa al llarg del curs. Aquestes proves objectives comprenen tots el continguts desenvolupats durant les unitats didàctiques del trimestre.

El crèdit *"Automatismes elèctrics, pneumàtics i hidràulics"* és predominantment procedimental, amb una part teòrica fonamentalment enfocada a orientacions sobre la part pràctica. Desprès de les corresponents explicacions per part del professor, els alumnes realitzaran individualment exercicis, diagrames, esquemes, etc., i per parelles simulacions de circuits amb ordinador i muntatges d'esquemes pneumàtics i electropneumàtics, d'esquemes hidràulics i electrohidràulics.

Criteris i instruments d'avaluació i recuperació

L'avaluació ha de ser una eina que serveixi a l'alumne per conèixer la seva evolució en la matèria i ha de donar informació al professor a partir de la resposta dels alumnes. Aquesta informació permet al professor comprovar i millorar el procés d'aprenentatge. La planificació de l'avaluació ha d'indicar **què** (criteris d'avaluació), **quan** i **com** (mètodes o instruments) s'avaluarà el progrés d'aprenentatge de l'alumne.

Què avaluar? Criteris d'avaluació

D'una part, s'ha d'avaluar el compliment dels continguts mínims i la consecució de les capacitats terminals establertes pel títol del cicle formatiu. En el propi títol es fixen, per a cada capacitat terminal, quins seran el criteris d'avaluació que s'han d'aplicar.

Addicionalment, la resolució del 30 de Juny de 2008 del Departament d'Educació de la Generalitat de Catalunya, a la seva instrucció 13.4.4 sobre l'avaluació dels crèdits a Formació Professional, senyala que s'ha d'avaluar tenint en compte el grau d'assoliment dels objectius terminals del crèdit, que s'obté mitjançant els corresponents continguts de fets, conceptes i sistemes conceptuals, procediments i actituds.

Quan avaluar? Estructura i característiques de l'avaluació

Es durà a terme una ___avaluació continua___ o formativa al llarg del curs. Mitjançant l'avaluació continua es poden identificar els avanços i les dificultats que es van produint. Proporciona informació sobre els progressos dels alumnes i les seves conductes. Així es poden realitzar modificacions (accions correctores) en el procés d'ensenyament-aprenentatge i orientar els esforços dels alumnes. L'avaluació continua es realitzarà a través dels exercicis, proves objectives i observació diària. S'observarà el comportament dels alumnes i es detectaran els possibles conflictes que puguin sorgir i es redirigiran per a aconseguir els objectius.

L'___avaluació final___ o sumativa prendrà les dades de l'avaluació continua i afegirà les dades finals obtingudes de forma més puntual. L'avaluació final permet fer una valoració global del compliment dels objectius proposats en la programació del crèdit.

Segons la Resolució de 30 de juny de 2008, durant el curs acadèmic s'han de realitzar un mínim de tres sessions d'avaluació ordinàries, a més de l'avaluació final. Aquestes sessions d'avaluació serveixen per a conèixer l'evolució dels alumnes, per part d'ells mateixos i de l'equip docent. Al llarg del curs es realitzaran ___tres sessions d'avaluació___ corresponents als tres trimestres en què s'organitza el curs.

Es farà ___prova extraordinària de juny___, ja que pot haver-hi alumnes que es presentin a la convocatòria extraordinària sense haver fet el crèdit de forma presencial i per tant el professor no n'haurà pogut fer un seguiment, ja sigui per falta d'assistència o per tractar-se d'un alumne/a repetidor. La prova reflectirà els objectius, tant pel que fa als conceptes com als procediments, i la nota es determinarà seguint els criteris i percentatges establerts en els criteris d'avaluació.

Com avaluar? Instruments d'avaluació

Els coneixements dels alumnes (*CFCSC* i *CP*) s'avaluaran a través de:

- ***Proves objectives escrites***: Una per trimestre com a mínim
- ***Realització de les activitats plantejades*** a cada unitat didàctica

Per una altra part, l'actitud (*CA*) s'avaluarà a través de l'observació directa de:

- ***Comportament a l'aula***. Es valoraran aquelles actituds positives front al treball, l'ordre, la capacitat de treballar en equip i totes aquelles encaminades a millorar el procés d'ensenyament-aprenentatge i el seu grau d'implicació.

- ***Asistència i puntualitat***. A Formació Professional és obligatòria l'assistència a totes les hores de classe previstes per al crèdit. Debut a que es tracta d'un crèdit de cicle de grau superior, existeix una tendència en aquest tipus d'alumnes a l'absentisme de les classes. Per tant, és necessari que els alumnes sàpiguen que una part de la seva nota depèn de la seva assistència i s'ha de dur un exhaustiu registre de les faltes. L'assistència dels alumnes és condició necessària per a l'avaluació continua, de manera que en cas de faltes d'assistència injustificades s'haurà d'aplicar el Reglament de Règim Interior del centre, que estableix que els alumnes que faltin a un 10% de les hores lectives del crèdit perdran el dret a l'avaluació continua.

- ***Revisió del quadern de treball***. Es valorarà l'ordre, netedat i la realització de totes les activitats plantejades.

Com a instrument d'avaluació s'emprarà la ***Fitxa de l'alumne***, i en ella s'anotarà tota la informació personal de cada alumne, així com els seus resultats d'avaluació. S'anotaran les qualificacions obtingudes a les activitats plantejades a cada unitat didàctica i a les proves objectives escrites de cada trimestre. Es realitzaran anotacions sobre el comportament i participació a classe. A la fitxa constaran les qualificacions globals de cada trimestre i la nota final d'l'avaluació ordinària i, si s'escau, extraordinària.

Per una altra part, també s'anotaran les faltes d'assistència de cada alumne per tal de poder dur així un seguiment apropiat al llarg del curs.

Criteris de qualificació

La valoració dels coneixements es realitzarà tenint en compte els següents aspectes:

• Cada activitat plantejada es valorarà de 1 a 10, tenint en compte tant els criteris de qualificació indicats com el procediment, la bona resolució i l'actitud de l'alumne (interès pel treball, l'ordre, la forma d'afrontar els problemes, temps d'execució i la presa de decisions). La nota mitjana de totes les activitats plantejades a cada unitat didàctica serà la nota d'aquella unitat.

• Al finalitzar cada trimestre es realitzarà una prova objectiva escrita, que també es puntuarà d'1 a 10.

• Al final de cada avaluació, la nota es calcularà d'acord als següents percentatges:

•

60% per a la part **conceptual** (proves objectives escrites)

30% per a la part **procedimental** (activitats plantejades)

10% per a la part **actitudinal** (comportament, participació, assistència)

• Per a aprovar l'avaluació de cada trimestre és necessari obtenir una nota mínima de 5 punts. Els alumnes que no aconsegueixin aquesta nota en la qualificació del trimestre podran realitzar una prova de recuperació i es valorarà la seva evolució en el trimestre següent.

• Després de cada sessió d'avaluació, l'alumne serà informat individualment i per escrit del seu progrés en l'obtenció dels objectius generals del cicle formatiu i dels objectius terminals específics dels crèdits professionals qualificats.

• La qualificació global del crèdit serà la mitjana de les obtingudes a cada trimestre.

• Amb una qualificació del crèdit inferior a 5 a l'avaluació ordinària o extraordinària, l'alumne no ha assolit els coneixements mínims i haurà de repetir el crèdit.

Avaluació del procés d'ensenyament

Aquesta programació s'ha elaborat amb la finalitat de que sigui un element de reflexió, que asseguri la coherència entre tots els aspectes educatius i que es redueixi al màxim la improvisació. No obstant, la programació no és tancada i pot ser modificada.

Per realitzar una completa avaluació del procés d'ensenyament-aprenentatge, per tant, és necessari també avaluar la pròpia programació didàctica, i fer-ho des de diferents punts de vista:

Punt de vista del professor

El professor observarà <u>diàriament</u> el procés educatiu, tenint en compte els avanços i les dificultats dels alumnes, la motivació, els resultats esperats, els recursos disponibles, etc.

Punt de vista de l'alumne

Elaborarem un <u>qüestionari</u> que ompliran els alumnes de forma anònima. En el qüestionari els alumnes donaran la seva opinió sobre els aspectes següents:

- Desenvolupament de la classe.
- Claredat de les explicacions.
- Ritme de les explicacions.
- Respostes del professor davant dels dubtes.
- Participació dels estudiants.
- Materials.
- Continguts del programa.
- Accessibilitat del professor.
- Comunicació fluida.
- Valoració global del crèdit.

Punt de vista del Departament Didàctic

El departament didàctic avaluarà la nostra programació sobre els aspectes següents:

- Metodologia didàctica recomanada.
- Criteris d'avaluació homogenis.
- Resultats esperats dels alumnes.
- Distribució i priorització de continguts.
- Aprofitament dels recursos disponibles, etc.

Qualitat en el Muntatge i Procés

El crèdit

"Qualitat en el muntatge i procés" és un mòdul professional associat a la unitat de competència 3 del Cicle Formatiu: ***Conduir i mantenir l'equip industrial de línies de producció automatitzades***.

El crèdit s'impartirà en 2 hores setmanals, amb un total de 70 hores anuals. Aquestes dues hores es distribuiran en dues sessions d'1 hora cada una. La totalitat de les hores lectives s'impartirà en el centre educatiu, en un aula normal de classe.

Objectius del crèdit

Identificar els elements del sistema de qualitat que poden ser aplicats a una empresa a partir de l'estructura organitzativa i de l'activitat productiva.

Aplicar tècniques d'identificació de les característiques que afecten a la qualitat.

Aplicar tècniques estadístiques de control per variables o per atributs a partir de dades de muntatge i manteniment d'instal·lacions i conducció del procés.

Identificar les operacions dels processos de control de recepció i emmagatzematge de components per a les operacions de muntatge i manteniment.

Relacionar el procés de control de recepció de components amb les condicions ambientals, magnituds que s'han de verificar i instruments de control, a partir de documentació tècnica del pla de qualitat i especificacions del component.

Relacionar els instruments de mesura i control amb la magnitud controlada, camp d'aplicació i precisió requerida.

Executar processos de control de magnituds dimensionals amb instrumentació adequada i segons mètodes operatius especificats a la documentació de control de qualitat.

Interpretar les diferents tècniques de control de qualitat en processos de fabricació a partir de la documentació tècnica.

Calcular els índexs de capacitat de procés a partir de resultats de control de qualitat i especificacions tècniques del procés.

Determinar les causes de disfuncions en un procés productiu detectades en el control de qualitat.

Realitzar informes sobre propostes de millora i optimació de processos a partir de defectes detectats en control de qualitat.

Recursos

Abans d'iniciar el curs, és convenient que tots els professors del Departament de Metall que imparteixin crèdits a tallers o laboratoris i necessitin material específic, es posin d'acord entre ells sobre quins recursos necessiten i per quant de temps. Així es podran seqüenciar adequadament els continguts, objectius i activitats dels seus respectius crèdits per evitar solapament i per obtenir així el màxim aprofitament dels recursos de l' institut.

Recursos personals

El professor, que en aquest cas serà un professor de secundària de l'especialitat Organització i projectes de fabricació mecànica. El professor actuarà en coordinació amb els demés membres del Departament de Metall i de l'equip educatiu del centre.

Recursos d'espais

Debut al caràcter eminentment teòric d'aquest crèdit, s'emprarà un aula normal de classe.

Recursos materials

Els recursos didàctics que s'empraran seran:

- Material bibliogràfic de consulta: No es suggereix cap llibre de text per a aquest crèdit. A més a l'alumne se li proporcionaran d'apunts elaborats pel professor.
- Pissarra, transparències i vídeos específics.

Material informàtic: retroprojector de transparències, ordinador amb canó projector i programes informàtics com powerpoint, excel, navegador per a recerca d'informació en Internet.

Seqüència i temporització de les Unitats Didàctiques

Ud	Nom	Durada
1	Qualitat i productivitat	12
2	Normatives de qualitat	6
3	Manuals de qualitat	6
4	Assegurament de la qualitat	12
5	Tècniques estadístiques de control de qualitat	12
6	Tècniques d'anàlisi sistemàtica de problemes	10
7	Metrologia i tècniques de mesura	12
	HORES TOTALS	**70**

UD 1: Qualitat i productivitat

1. Objectius de la Unitat Didàctica

1. Identificar els elements del sistema de qualitat que poden ser aplicats a una empresa a partir de l'estructura organitzativa i de l'activitat productiva.

2. Aplicar tècniques d'identificació de les característiques que afecten a la qualitat.

3. Identificar les operacions dels processos de control de recepció i emmagatzematge de components per a les operacions de muntatge i manteniment.

4. Calcular els índexs de capacitat de procés a partir de resultats de control de qualitat i especificacions tècniques del procés.

2. Continguts

2.1. Conceptes
1. Qualitat i productivitat:
1.1. Qualitat de disseny i de conformitat.

1.2. Qualitat de proveïdors.

1.3. Qualitat del procés de fabricació o muntatge.

1.4. Qualitat del producte.

1.5. Qualitat en el client i en servei.

1.6. Planificació, organització i control.

1.7. Sistema de qualitat.

2.2. Procediments
3. Explotació dels resultats de l'aplicació dels sistemes de qualitat:
3.1. Càlcul de paràmetres estadístics, manualment amb procediments estandarditzats o amb suport informàtic.

3.2. Realització de gràfics de control de qualitat, per atributs o variables, manualment o amb suport informàtic.

3.3. Realització d'informes sobre processos i resultats de control de qualitat.

3.4. Presa de decisió d'acceptació o rebuig en funció dels resultats obtinguts.

2.3. Actituds

1. Compromís amb les obligacions associades al treball:

Realització de les tasques segons els requeriments establerts en les normatives de qualitat.

2. Mentalitat emprenedora en l'àrea de qualitat:

Autoavaluació dels processos seguits i de llur grau d'ajust a les normatives de qualitat afectades.

Valoració de les àrees segons el grau de compliment de les normatives de qualitat.

Concreció sistemàtica de conceptes genèrics d'assegurament de la qualitat a la realitat de cada empresa.

Argumentació d'opinions que condueixin a un procés d'optimació dels mètodes de treball.

3. Ordre i mètode de treball:

Sistematització de la seqüència i ordenació de les accions que permetin separar els sistemes de qualitat segons l'abast indicat en la normativa.

Prioritat de les accions que afectin més a la qualitat del producte o servei.

Tractament metòdic i precís de la informació.

Ús sistemàtic de les tècniques adequades per a la resolució de problemes de qualitat.

Seqüència i ordenació metòdiques de les accions.

4. Optimació del treball:

Autoavaluació dels mètodes de treball per millorar la productivitat.

5. Intercanvi d'idees, opinions i experiències:

Contrastació crítica de les idees de l'equip amb la realitat concreta.

6. Comunicació:

Argumentació d'opinions de forma atractiva per al receptor.

Comprensió empàtica en la comunicació oral.

7. Execució independent del treball:

Autosuficiència en l'anàlisi i resolució de problemes.

Rigorositat en l'aplicació de mètodes i interpretació de dades.

8. Confiança en si mateix:

Seguretat en la realització d'anàlisis i presa de decisions.

9. *Mentalitat emprenedora en les tasques i accions*:
Recerca d'accions per disminuir les àrees de no qualitat.

Nuclis d'Activitats

NA	Nom	Durada
1.1	Qualitat de disseny i de conformitat	2
1.2	Qualitat de proveïdors	1
1.3	Qualitat del procés de fabricació o muntatge	1
1.4	Qualitat del producte	1
1.5	Qualitat en el client i en servei	1
1.6	Planificació, organització i control del sistema de qualitat	3
1.7	Sistema de qualitat	3
	HORES TOTALS	**12**

UD 2: Normatives de Qualitat

1. Objectius de la Unitat Didàctica

1. Identificar els elements del sistema de qualitat que poden ser aplicats a una empresa a partir de l'estructura organitzativa i de l'activitat productiva.

2. Aplicar tècniques d'identificació de les característiques que afecten a la qualitat.

3. Identificar les operacions dels processos de control de recepció i emmagatzematge de components per a les operacions de muntatge i manteniment.

4. Calcular els índexs de capacitat de procés a partir de resultats de control de qualitat i especificacions tècniques del procés.

2. Continguts

2.1. Conceptes

1. Qualitat i productivitat:
    1.1. Qualitat de disseny i de conformitat.
    1.2. Qualitat de proveïdors.
    1.3. Qualitat del procés de fabricació o muntatge.
    1.4. Qualitat del producte.
    1.5. Qualitat en el client i en servei.
    1.6. Planificació, organització i control. Sistema de qualitat.

2. Normatives de qualitat:
    2.1. Normatives ISO 9000 a 9005 (UNE 66900 a 66905).
    2.2. Normatives i reglamentacions específiques vigents en el sector.

4. Assegurament de la qualitat:
    4.1. Qualitat en proveïdors
    4.2. Normalització.
    4.3. Certificació.
    4.4. Assajos.
    4.5. Qualificació.
    4.6. Inspecció.
    4.7. Qualitat concertada
    4.8. El Pla Nacional de Qualitat Industrial vigent

2.2. Procediments
1. Interpretació de les normatives ISO 9000:
1.1. Identificació dels paràmetres crítics a les normes ISO 9001 a 9004 en el sector de muntatge i manteniment.

1.2. Interpretació de la divisió de sistemes de qualitat segons l'abast de les normes ISO 9001 a 9004.

1.3. Selecció de la norma més adient a partir de la norma ISO 9000

2.3. Actituds
1. Compromís amb les obligacions associades al treball:
Realització de les tasques segons els requeriments establerts en les normatives de qualitat.
2. Mentalitat emprenedora en l'àrea de qualitat:
Autoavaluació dels processos seguits i de llur grau d'ajust a les normatives de qualitat afectades.

Valoració de les àrees segons el grau de compliment de les normatives de qualitat.

Concreció sistemàtica de conceptes genèrics d'assegurament de la qualitat a la realitat de cada empresa.

Argumentació d'opinions que condueixin a un procés d'optimació dels mètodes de treball.
3. Ordre i mètode de treball:
Sistematització de la seqüència i ordenació de les accions que permetin separar els sistemes de qualitat segons l'abast indicat en la normativa.

Prioritat de les accions que afectin més a la qualitat del producte o servei.

Tractament metòdic i precís de la informació.

Ús sistemàtic de les tècniques adequades per a la resolució de problemes de qualitat.

Seqüència i ordenació metòdiques de les accions.
4. Optimació del treball:
Autoavaluació dels mètodes de treball per millorar la productivitat.
5. Intercanvi d'idees, opinions i experiències:

Contrastació crítica de les idees de l'equip amb la realitat concreta.

6. Comunicació:

Argumentació d'opinions de forma atractiva per al receptor.

Comprensió empàtica en la comunicació oral.

7. Execució independent del treball:

Autosuficiència en l'anàlisi i resolució de problemes.

Rigorositat en l'aplicació de mètodes i interpretació de dades.

8. Confiança en si mateix:

Seguretat en la realització d'anàlisis i presa de decisions.

9. Mentalitat emprenedora en les tasques i accions:

Recerca d'accions per disminuir les àrees de no qualitat

Nuclis d'Activitats

NA	Nom	Durada
2.1	Normatives ISO 9000 a 9005 (UNE 66900 a 66905)	3
2.2	Normatives i reglamentacions específiques vigents en el sector.	3
	HORES TOTALS	6

UD 3: Manuals de Qualitat

1. Objectius de la Unitat Didàctica

1. Identificar els elements del sistema de qualitat que poden ser aplicats a una empresa a partir de l'estructura organitzativa i de l'activitat productiva.

2. Continguts

2.1. Conceptes
1. Qualitat i productivitat:
    1.1. Qualitat de disseny i de conformitat.
    1.2. Qualitat de proveïdors.
    1.3. Qualitat del procés de fabricació o muntatge.
    1.4. Qualitat del producte.
    1.5. Qualitat en el client i en servei.
    1.6. Planificació, organització i control. Sistema de qualitat.
3. Manuals de qualitat:
    3.1. Aplicació de les normes ISO 9000.
    3.2. Aspectes bàsics d'un manual de qualitat.

2.2. Procediments
1. Interpretació de les normatives ISO 9000:
    1.1. Identificació dels paràmetres crítics a les normes ISO 9001 a 9004 en el sector de muntatge i manteniment.
    1.2. Interpretació de la divisió de sistemes de qualitat segons l'abast de les normes ISO 9001 a 9004.
    1.3. Selecció de la norma més adient a partir de la norma ISO 9000.

2.3. Actituds
1. Compromís amb les obligacions associades al treball:
Realització de les tasques segons els requeriments establerts en les normatives de qualitat.
2. Mentalitat emprenedora en l'àrea de qualitat:
Autoavaluació dels processos seguits i de llur grau d'ajust a les normatives de qualitat afectades.

Valoració de les àrees segons el grau de compliment de les normatives de qualitat.

Concreció sistemàtica de conceptes genèrics d'assegurament de la qualitat a la realitat de cada empresa.

Argumentació d'opinions que condueixin a un procés d'optimació dels mètodes de treball.

3. Ordre i mètode de treball:

Sistematització de la seqüència i ordenació de les accions que permetin separar els sistemes de qualitat segons l'abast indicat en la normativa.

Prioritat de les accions que afectin més a la qualitat del producte o servei.

Tractament metòdic i precís de la informació.

Ús sistemàtic de les tècniques adequades per a la resolució de problemes de qualitat.

Seqüència i ordenació metòdiques de les accions.

4. Optimació del treball:

Autoavaluació dels mètodes de treball per millorar la productivitat.

5. Intercanvi d'idees, opinions i experiències:

Contrastació crítica de les idees de l'equip amb la realitat concreta.

6. Comunicació:

Argumentació d'opinions de forma atractiva per al receptor.

Comprensió empàtica en la comunicació oral.

7. Execució independent del treball:

Autosuficiència en l'anàlisi i resolució de problemes.

Rigorositat en l'aplicació de mètodes i interpretació de dades.

8. Confiança en si mateix:

Seguretat en la realització d'anàlisis i presa de decisions.

9. Mentalitat emprenedora en les tasques i accions:

Recerca d'accions per disminuir les àrees de no qualitat

Nuclis d'Activitats

NA	Nom	Durada
3.1	Aplicació de les normes ISO 9000.	3
3.2	Aspectes bàsics d'un manual de qualitat.	3
	HORES TOTALS	6

UD 4: *Assegurament de la Qualitat*

1. Objectius de la Unitat Didàctica

1. Identificar els elements del sistema de qualitat que poden ser aplicats a una empresa a partir de l'estructura organitzativa i de l'activitat productiva.

2. Aplicar tècniques d'identificació de les característiques que afecten a la qualitat.

3. Identificar les operacions dels processos de control de recepció i emmagatzematge de components per a les operacions de muntatge i manteniment.

4. Relacionar el procés de control de recepció de components amb les condicions ambientals, magnituds que s'han de verificar i instruments de control, a partir de documentació tècnica del pla de qualitat i especificacions del component.

5. Interpretar les diferents tècniques de control de qualitat en processos de fabricació a partir de la documentació tècnica.

Continguts

2.1. Conceptes
  1. Qualitat i productivitat:
    1.1. Qualitat de disseny i de conformitat.
    1.2. Qualitat de proveïdors.
    1.3. Qualitat del procés de fabricació o muntatge.
    1.4. Qualitat del producte.
    1.5. Qualitat en el client i en servei.
    1.6. Planificació, organització i control. Sistema de qualitat.
  4. Assegurament de la qualitat:
    4.1. Qualitat en proveïdors
    4.2. Normalització.
    4.3. Certificació.
    4.4. Assajos.
    4.5. Qualificació.
    4.6. Inspecció.
    4.7. Qualitat concertada
    4.8. El Pla Nacional de Qualitat Industrial vigent

2.2. Procediments
4. Resolució de problemes d'assegurament de la qualitat:
4.1. Aplicació de tècniques d'anàlisi de problemes de qualitat: diagrames causa-efecte, pluja d'idees, classificació, anàlisi de Pareto, anàlisi modal d'errades i efectes, anàlisi de valor, gràfics de control, cercles de qualitat.

4.2. Anàlisi de propostes d'intervenció sobre processos o productes

2.3. Actituds
1. Compromís amb les obligacions associades al treball:
Realització de les tasques segons els requeriments establerts en les normatives de qualitat.
2. Mentalitat emprenedora en l'àrea de qualitat:
Autoavaluació dels processos seguits i de llur grau d'ajust a les normatives de qualitat afectades.

Valoració de les àrees segons el grau de compliment de les normatives de qualitat.

Concreció sistemàtica de conceptes genèrics d'assegurament de la qualitat a la realitat de cada empresa.

Argumentació d'opinions que condueixin a un procés d'optimació dels mètodes de treball.
3. Ordre i mètode de treball:
Sistematització de la seqüència i ordenació de les accions que permetin separar els sistemes de qualitat segons l'abast indicat en la normativa.

Prioritat de les accions que afectin més a la qualitat del producte o servei.

Tractament metòdic i precís de la informació.

Ús sistemàtic de les tècniques adequades per a la resolució de problemes de qualitat.

Seqüència i ordenació metòdiques de les accions.
4. Optimació del treball:
Autoavaluació dels mètodes de treball per millorar la productivitat.
5. Intercanvi d'idees, opinions i experiències:

Contrastació crítica de les idees de l'equip amb la realitat concreta.

6. Comunicació:

Argumentació d'opinions de forma atractiva per al receptor.

Comprensió empàtica en la comunicació oral.

7. Execució independent del treball:

Autosuficiència en l'anàlisi i resolució de problemes.

Rigorositat en l'aplicació de mètodes i interpretació de dades.

8. Confiança en si mateix:

Seguretat en la realització d'anàlisis i presa de decisions.

9. Mentalitat emprenedora en les tasques i accions:

Recerca d'accions per disminuir les àrees de no qualitat

Nuclis d'Activitats

NA	Nom	Durada
4.1	Qualitat en proveïdors.	2
4.2	Normalització.	1
4.3	Certificació.	2
4.4	Assajos.	2
4.5	Qualificació.	1
4.6	Inspecció.	1
4.7	Qualitat concertada.	2
4.8	El pla nacional de qualitat vigent.	1
	HORES TOTALS	**12**

UD 5: Tècniques Estadístiques de Control de Qualitat

1. Objectius de la Unitat Didàctica

1. Aplicar tècniques estadístiques de control per variables o per atributs a partir de dades de muntatge i manteniment d'instal·lacions i conducció del procés

2. Continguts

2.1. Conceptes
5. Tècniques estadístiques de control de qualitat:
    5.1. Causes de la variabilitat de les magnituds.
    5.2. Control de fabricació per variables i per atributs.
    5.3. Anàlisi de dades.
    5.4. Models estadístics referencials.
    5.5. Plans de mostratge.
    5.6. Control de recepció.
    5.7. Presa de decisions i riscos associats.
    5.8. Estudis de capacitat.
6. Tècniques d'anàlisi sistemàtica de problemes:
    6.1. Diagrames causa-efecte.
    6.2. Pluja d'idees.
    6.3. Classificació.
    6.4. Anàlisi de Pareto.
    6.5. Anàlisi modal d'errades i efectes.
    6.6. Anàlisi de valor.
    6.7. Gràfics de control.
    6.8. Cercles de qualitat.

2.2. Procediments
2. Execució del control de la qualitat:
    2.1. Identificació dels paràmetres que s'han de mesurar o controlar.
    2.2. Realització de mostratges interns i de proveïdors.
    2.3. Realització de mesures o observacions dels paràmetres
    2.4. Registre de dades obtingudes en documents preparats o en suport informàtic.

2.5. Verificació del calibratge d'instruments, eines i útils.

2.6. Realització d'assajos de qualitat.

3. Explotació dels resultats de l'aplicació dels sistemes de qualitat:

3.1. Càlcul de paràmetres estadístics, manualment amb procediments estandarditzats o amb suport informàtic.

3.2. Realització de gràfics de control de qualitat, per atributs o variables, manualment o amb suport informàtic.

3.3. Realització d'informes sobre processos i resultats de control de qualitat.

3.4. Presa de decisió d'acceptació o rebuig en funció dels resultats obtinguts.

4. Resolució de problemes d'assegurament de la qualitat:

4.1. Aplicació de tècniques d'anàlisi de problemes de qualitat: diagrames causa-efecte, pluja d'idees, classificació, anàlisi de Pareto, anàlisi modal d'errades i efectes, anàlisi de valor, gràfics de control, cercles de qualitat.

4.2. Anàlisi de propostes d'intervenció sobre processos o productes.

2.3. Actituds

1. Compromís amb les obligacions associades al treball:

Realització de les tasques segons els requeriments establerts en les normatives de qualitat.

2. Mentalitat emprenedora en l'àrea de qualitat:

Autoavaluació dels processos seguits i de llur grau d'ajust a les normatives de qualitat afectades.

Valoració de les àrees segons el grau de compliment de les normatives de qualitat.

Concreció sistemàtica de conceptes genèrics d'assegurament de la qualitat a la realitat de cada empresa.

Argumentació d'opinions que condueixin a un procés d'optimació dels mètodes de treball.

3. Ordre i mètode de treball:

Sistematització de la seqüència i ordenació de les accions que permetin separar els sistemes de qualitat segons l'abast indicat en la normativa.

Prioritat de les accions que afectin més a la qualitat del producte o servei.

Tractament metòdic i precís de la informació.

Ús sistemàtic de les tècniques adequades per a la resolució de problemes de qualitat.

Seqüència i ordenació metòdiques de les accions.

4. Optimació del treball:

Autoavaluació dels mètodes de treball per millorar la productivitat.

5. Intercanvi d'idees, opinions i experiències:

Contrastació crítica de les idees de l'equip amb la realitat concreta.

6. Comunicació:

Argumentació d'opinions de forma atractiva per al receptor.

Comprensió empàtica en la comunicació oral.

7. Execució independent del treball:

Autosuficiència en l'anàlisi i resolució de problemes.

Rigorositat en l'aplicació de mètodes i interpretació de dades.

8. Confiança en si mateix:

Seguretat en la realització d'anàlisis i presa de decisions.

9. Mentalitat emprenedora en les tasques i accions:

Recerca d'accions per disminuir les àrees de no qualitat

Nuclis d'Activitats

NA	Nom	Durada
5.1	Causes de la variabilitat de les magnituts.	2
5.2	Control de fabricació per variables i per atributs.	2
5.3	Anàlisi de dades.	1
5.4	Models estadístics referencials.	1
5.5	Plans de mostratge.	1
5.6	Control de recepció.	1
5.7	Presa de decisions i riscos associats.	2
5.8	Estudis de capacitat.	2
	HORES TOTALS	**12**

UD 6: Tècniques d'Analisi Sistemàtica de Problemes

1. Objectius de la Unitat Didàctica

1. Determinar les causes de disfuncions en un procés productiu detectades en el control de qualitat.

2. Realitzar informes sobre propostes de millora i optimació de processos a partir de defectes detectats en control de qualitat.

2. Continguts

2.1. Conceptes
5. Tècniques estadístiques de control de qualitat:
    5.1. Causes de la variabilitat de les magnituds.

    5.2. Control de fabricació per variables i per atributs.

    5.3. Anàlisi de dades.

    5.4. Models estadístics referencials.

    5.5. Plans de mostratge.

    5.6. Control de recepció.

    5.7. Presa de decisions i riscos associats.

    5.8. Estudis de capacitat.

6. Tècniques d'anàlisi sistemàtica de problemes:
    6.1. Diagrames causa-efecte.

    6.2. Pluja d'idees.

    6.3. Classificació.

    6.4. Anàlisi de Pareto.

    6.5. Anàlisi modal d'errades i efectes.

    6.6. Anàlisi de valor.

    6.7. Gràfics de control.

    6.8. Cercles de qualitat.

2.2. Procediments
3. Explotació dels resultats de l'aplicació dels sistemes de qualitat:
    3.1. Càlcul de paràmetres estadístics, manualment amb procediments estandarditzats o amb suport informàtic.

    3.2. Realització de gràfics de control de qualitat, per atributs o variables, manualment o amb suport informàtic.

3.3. Realització d'informes sobre processos i resultats de control de qualitat.

3.4. Presa de decisió d'acceptació o rebuig en funció dels resultats obtinguts.

4. Resolució de problemes d'assegurament de la qualitat:

4.1. Aplicació de tècniques d'anàlisi de problemes de qualitat: diagrames causa-efecte, pluja d'idees, classificació, anàlisi de Pareto, anàlisi modal d'errades i efectes, anàlisi de valor, gràfics de control, cercles de qualitat.

4.2. Anàlisi de propostes d'intervenció sobre processos o productes.

2.3. Actituds

1. Compromís amb les obligacions associades al treball:

Realització de les tasques segons els requeriments establerts en les normatives de qualitat.

2. Mentalitat emprenedora en l'àrea de qualitat:

Autoavaluació dels processos seguits i de llur grau d'ajust a les normatives de qualitat afectades.

Valoració de les àrees segons el grau de compliment de les normatives de qualitat.

Concreció sistemàtica de conceptes genèrics d'assegurament de la qualitat a la realitat de cada empresa.

Argumentació d'opinions que condueixin a un procés d'optimació dels mètodes de treball.

3. Ordre i mètode de treball:

Sistematització de la seqüència i ordenació de les accions que permetin separar els sistemes de qualitat segons l'abast indicat en la normativa.

Prioritat de les accions que afectin més a la qualitat del producte o servei.

Tractament metòdic i precís de la informació.

Ús sistemàtic de les tècniques adequades per a la resolució de problemes de qualitat.

Seqüència i ordenació metòdiques de les accions.

4. Optimació del treball:

Autoavaluació dels mètodes de treball per millorar la productivitat.

5. Intercanvi d'idees, opinions i experiències:

Contrastació crítica de les idees de l'equip amb la realitat concreta.

6. Comunicació:

Argumentació d'opinions de forma atractiva per al receptor.

Comprensió empàtica en la comunicació oral.

7. Execució independent del treball:

Autosuficiència en l'anàlisi i resolució de problemes.

Rigorositat en l'aplicació de mètodes i interpretació de dades.

8. Confiança en si mateix:

Seguretat en la realització d'anàlisis i presa de decisions.

9. Mentalitat emprenedora en les tasques i accions:

Recerca d'accions per disminuir les àrees de no qualitat

Nuclis d'Activitats

NA	Nom	Durada
6.1	Diagrames causa efecte.	1
6.2	Pluja d'idees.	1
6.3	Classificació.	1
6.4	Anàlisi de Pareto.	1
6.5	Anàlisi modal d'errades i efectes.	1
6.6	Anàlisi de valor.	1
6.7	Gràfics de control.	2
6.8	Cercles de qualitat.	2
	HORES TOTALS	**10**

UD 7: Metrologia i Tècniques de Mesura

1. Objectius de la Unitat Didàctica

1- Relacionar el procés de control de recepció de components amb les condicions ambientals, magnituds que s'han de verificar i instruments de control, a partir de documentació tècnica del pla de qualitat i especificacions del component.

2- Relacionar els instruments de mesura i control amb la magnitud controlada, camp d'aplicació i precisió requerida.

3- Executar processos de control de magnituds dimensionals amb instrumentació adequada i segons mètodes operatius especificats a la documentació de control de qualitat.

2. Continguts

2.1. Conceptes
7. Metrologia i tècniques de mesura:

    7.1. Magnituds i unitats de mesura.

    7.2. Instruments de mesura.

    7.3. Patrons.

    7.4. Tècniques de calibratge.

    7.5. Tècniques de mesura.

    7.6. Automatització dels processos de mesura i verificació.

    7.7. Tipus d'errors de mesura.

2.2. Procediments
2. Execució del control de la qualitat:

    2.1. Identificació dels paràmetres que s'han de mesurar o controlar.

    2.2. Realització de mostratges interns i de proveïdors.

    2.3. Realització de mesures o observacions dels paràmetres

    2.4. Registre de dades obtingudes en documents preparats o en suport informàtic.

    2.5. Verificació del calibratge d'instruments, eines i útils.

    2.6. Realització d'assajos de qualitat.

5. Tècniques de mesura i verificació dimensional:

5.1. Anàlisi de la magnitud que s'ha de mesurar o controlar i de la precisió requerida.

5.2. Selecció de l'instrument adequat.

5.3. Preparació de la instrumentació.

5.4. Execució de la verificació dimensional i geomètrica.

5.5. Registre de la informació en fitxes estàndards o en suport informàtic.

2.3. Actituds

1. Compromís amb les obligacions associades al treball:

Realització de les tasques segons els requeriments establerts en les normatives de qualitat.

2. Mentalitat emprenedora en l'àrea de qualitat:

Autoavaluació dels processos seguits i de llur grau d'ajust a les normatives de qualitat afectades.

Valoració de les àrees segons el grau de compliment de les normatives de qualitat.

Concreció sistemàtica de conceptes genèrics d'assegurament de la qualitat a la realitat de cada empresa.

Argumentació d'opinions que condueixin a un procés d'optimació dels mètodes de treball.

3. Ordre i mètode de treball:

Sistematització de la seqüència i ordenació de les accions que permetin separar els sistemes de qualitat segons l'abast indicat en la normativa.

Prioritat de les accions que afectin més a la qualitat del producte o servei.

Tractament metòdic i precís de la informació.

Ús sistemàtic de les tècniques adequades per a la resolució de problemes de qualitat.

Seqüència i ordenació metòdiques de les accions.

4. Optimació del treball:

Autoavaluació dels mètodes de treball per millorar la productivitat.

5. Intercanvi d'idees, opinions i experiències:

Contrastació crítica de les idees de l'equip amb la realitat concreta.

6. Comunicació:

Argumentació d'opinions de forma atractiva per al receptor.

Comprensió empàtica en la comunicació oral.

7. Execució independent del treball:

Autosuficiència en l'anàlisi i resolució de problemes.

Rigorositat en l'aplicació de mètodes i interpretació de dades.

8. Confiança en si mateix:

Seguretat en la realització d'anàlisis i presa de decisions.

9. Mentalitat emprenedora en les tasques i accions:

Recerca d'accions per disminuir les àrees de no qualitat

Nuclis d'Activitats

NA	Nom	Durada
7.1	Magnituds i unitats de mesura.	2
7.2	Instruments de mesura.	2
7.3	Patrons.	2
7.4	Tècniques de calibratge.	2
7.5	Tècniques de mesura.	2
7.6	Automització dels processos de mesura i verificació.	1
7.7	Tipus d'errors de mesura.	1
	HORES TOTALS	**12**

Automatismes Elèctrics, Pneumàtics i Hidràulics

El crèdit

"*Automatismes elèctrics, pneumàtics i hidràulics*" és un mòdul professional transversal, i per tant no està associat a cap unitat de competència concreta. No obstant, suposa un element bàsic en totes elles, ja que contribueix de forma directa a la consecució de les capacitats professionals i com a complement a les característiques professionals d'altres mòduls.

El crèdit s'impartirà en 6 hores setmanals, amb un total de 210 hores anuals. Aquestes sis hores es distribuiran en tres sessions de dues hores cada una. La totalitat de les hores lectives s'impartirà en el centre educatiu, en un aula normal de classe.

Objectius del crèdit

Interpretar el funcionament general i les característiques dels sistemes automàtics de control a partir de la documentació tècnica i els esquemes corresponents.

Relacionar cada part de l'estructura dels sistemes automàtics de control amb les funcions que realitza dins del sistema.

Relacionar els dispositius i components que conformen els sistemes automàtics de control amb la simbologia normalitzada utilitzada en els esquemes i amb les característiques tecnològiques i funció que realitzen dins del sistema.

Muntar sistemes automàtics de control a partir dels esquemes i documentació tècnica.

Relacionar les diferents modalitats de funcionament dels sistemes automàtics de control amb les característiques específiques i prestacions de cada modalitat.

Calcular magnituds i paràmetres bàsics dels sistemes automàtics de control, a partir dels esquemes del sistema i característiques dels components i dispositius que el configuren.

Mesurar magnituds a sistemes automàtics de control amb instrumentació adequada, connectada correctament i segons procediments normalitzats.

Contrastar resultats de mesures realitzades en els sistemes automàtics de control amb les especificacions de la documentació tècnica i amb valors i paràmetres bàsics del sistema calculats.

Relacionar variacions o modificacions de components i dispositius dels sistemes automàtics de control amb els efectes observables en les magnituds i paràmetres del sistema.

Determinar diagrames de flux amb simbologia normalitzada per desenvolupar petits programes de control per a automatismes seqüencials, a partir de les especificacions funcionals i tècniques de l'aplicació.

Codificar programes documentats de control d'automatismes seqüencials, amb el llenguatge més adequat, a partir del diagrama de flux i d'algorismes de control optimats.

Integrar les parts de maquinari i programari del sistema automàtic de control, segons procediments establerts en la documentació tècnica.

Comprovar les característiques de funcionalitat, fiabilitat i seguretat del procés en el sistema integrat per les parts de programari i de maquinari.

Recursos

Abans d'iniciar el curs, és convenient que tots els professors del Departament de Metall que imparteixin crèdits a tallers o laboratoris i necessitin material específic, es posin d'acord entre ells sobre quins recursos necessiten i per quant de temps. Així es podran seqüenciar adequadament els continguts, objectius i activitats dels seus respectius crèdits per evitar solapament i per obtenir així el màxim aprofitament dels recursos de l'institut.

Recursos personals

El professor, que en aquest cas serà un professor de secundària de l'especialitat Organització i projectes de fabricació mecànica. El professor actuarà en coordinació amb els demés membres del Departament de Metall i de l'equip educatiu del centre.

Recursos d'espais

Aula normal de classe, sala d'ordinadors i taller.

Recursos materials

Els recursos didàctics que s'empraran seran:

- Material bibliogràfic de consulta: No es suggereix cap llibre de text per a aquest crèdit. A més a l'alumne se li proporcionaran transparències amb esquemes dels continguts tractats i fotocòpies d'apunts elaborats pel professor.
- Pissarra, transparències i vídeos específics, aula amb ordinadors.
- Material informàtic: retroprojector de transparències, ordinador amb canó projector i programes informàtics com powerpoint, excel, navegador per a recerca d'informació en Internet.
- Plafons i material pneumàtic i electropneumàtic.
- Grups hidràulics.
- Pissarra magnètica per a simbologia pneumàtica i hidràulica

Softwares de simulació de pneumàtica, hidràulica: Automation Studio

Seqüència i temporització de les Unitats Didàctiques

Ud	Nom	Durada
1	Principis d'automatització	14
2	Sistemes de control pneumàtic i electropneumàtic	58
3	Màquines i quadres elèctrics	60
4	Àlgebra de Boole, aplicacions	28
5	Autòmats programables	30
6	Sistemes de control hidràulic i electrohidràulic	16
7	Instrumentació mecànica i elèctrica	4
	HORES TOTALS	**210**

UD 1: Principis d'Automatització

1. Objectius de la Unitat Didàctica

1. Interpretar el funcionament general i les característiques dels sistemes automàtics de control a partir de la documentació tècnica i els esquemes corresponents.

2. Relacionar cada part de l'estructura dels sistemes automàtics de control amb les funcions que realitza dins del sistema.

3. Relacionar els dispositius i components que conformen els sistemes automàtics de control amb la simbologia normalitzada utilitzada en els esquemes i amb les característiques tecnològiques i funció que realitzen dins del sistema.

4. Muntar sistemes automàtics de control a partir dels esquemes i documentació tècnica.

5. Relacionar les diferents modalitats de funcionament dels sistemes automàtics de control amb les característiques específiques i prestacions de cada modalitat.

6. Calcular magnituds i paràmetres bàsics dels sistemes automàtics de control, a partir dels esquemes del sistema i característiques dels components i dispositius que el configuren.

7. Mesurar magnituds a sistemes automàtics de control amb instrumentació adequada, connectada correctament i segons procediments normalitzats.

8. Contrastar resultats de mesures realitzades en els sistemes automàtics de control amb les especificacions de la documentació tècnica i amb valors i paràmetres bàsics del sistema calculats.

9. Relacionar variacions o modificacions de components i dispositius dels sistemes automàtics de control amb els efectes observables en les magnituds i paràmetres del sistema.

10. Determinar diagrames de flux amb simbologia normalitzada per desenvolupar petits programes de control per a automatismes seqüencials, a partir de les especificacions funcionals i tècniques de l'aplicació.

11. Codificar programes documentats de control d'automatismes seqüencials, amb el llenguatge més adequat, a partir del diagrama de flux i d'algorismes de control optimats.

12. Integrar les parts de maquinari i programari del sistema automàtic de control, segons procediments establerts en la documentació tècnica.

13. Comprovar les característiques de funcionalitat, fiabilitat i seguretat del procés en el sistema integrat per les parts de programari i de maquinari.

2. Continguts

2.1. Conceptes

1. Principis bàsics d'automatització:

1.1. Característiques bàsiques dels sistemes i processos automàtics.

1.2. Evolució i prospectiva dels sistemes automàtics.

1.3. Característiques dels processos continus i dels processos seqüencials.

2. Automatització amb sistemes cablats i amb sistemes programats:

2.1. Tipologia i característiques dels processos i sistemes de comandament automàtic.

2.2. Estructura i caracte-rístiques de la cadena de comandament i regulació.

2.3. Tipus d'energia per als diferents comandaments.

2.4. Tecnologies i mitjans utilitzats en els sistemes de control cablats.

2.5. Tecnologies i mitjans utilitzats en els sistemes de control programats.

7. Tècniques per descriure especificacions funcionals de sistemes automàtics:

7.1. Diagrames de moviment.

7.2. Diagrames de comandament.

7.3. Diagrames de flux.

7.4. Diagrames funcionals: el GRAFCET.

2.2. Procediments

1. Anàlisi de sistemes automàtics de control:

1.1. Interpretació dels esquemes elèctrics, pneumàtics, hidràulics i mecànics del sistema.

1.2. Interpretació funcional del sistema.

1.3. Identificació de components i parts bàsiques del sistema.

1.4. Identificació dels paràmetres bàsics del sistema.

1.5. Interpretació del programari del sistema. Identificació de les relacions programari-maquinari del sistema.

1.6. Càlcul de paràmetres.

2. Muntatge de sistemes automàtics de control:

2.1. Identificació dels components i dispositius de l'esquema.

2.2. Selecció i preparació dels components i materials de connexió.

2.3. Preparació de la base de muntatge del sistema.

2.4. Distribució racional dels components i dispositius sobre la base de suport.

2.5. Realització de les connexions elèctriques, d'aire o hidràuliques.

2.6. Comprovació visual del muntatge.

2.7. Verificació funcional del sistema automàtic.

3. Mesures de les magnituds i senyals en sistemes automàtics de control:

3.1. Identificació de les magnituds que s'han de mesurar.

3.2. Selecció dels instruments més adients segons les magnituds que cal mesurar i procediments que cal utilitzar.

3.3. Posada al punt dels instruments en funció del valor esperat dels resultats.

3.4. Realització de les mesures operant amb la seguretat i precisió demanades.

3.5. Interpretació dels resultats obtinguts, relacionant els efectes amb les causes. Registre de resultats en el format adequat.

3.6. Conservació dels instruments de mesura.

3.7. Calibratge dels instruments de mesura.

4. Ajust dels paràmetres del programari i dels elements del maquinari que configuren els sistemes automàtics de control:

4.1. Obtenció de les dades, paràmetres i senyals de control en els punts de test del maquinari i programari dels sistemes.

4.2. Contrastació de les dades i paràmetres de control amb les especificacions de la documentació tècnica.

4.3. Ajust dels elements del sistema.

5. *Disseny i modificació de programes per a aplicacions de sistemes automàtics de control:*

5.1. Anàlisi de les estructures bàsiques dels llenguatges utilitzats en la programació d'automatismes seqüencials.

5.2. Anàlisi de l'aplicació que s'ha de programar.

5.3. Representació gràfica d'algorismes amb diagrames de flux, amb GRAFCET i amb altres mètodes.

5.4. Realització del programa d'acord amb les regles de programació del llenguatge emprat.

5.5. Depuració del programa.

5.6. Verificació funcional de l'aplicació.

2.3. Actituds

1. *Execució sistemàtica del procés de resolució de problemes:*

Presa de decisions raonades en la realització de muntatges d'automatismes pneumàtics, hidràulics, elèctrics i aplicacions d'automatismes programables, argumentant la selecció de materials i dispositius feta.

2. *Optimació del treball:*

Autoorganització de les seqüències de les operacions que s'han de realitzar muntant automatismes, buscant optimar la relació entre qualitat i temps.

3. *Ordre i mètode de treball:*

Ordenació racional de les operacions que s'han de realitzar dins de cada tasca.

Autoavaluació dels mètodes de treball emprats en operacions de manipulació, buscant millorar els factors qualitat del producte, temps emprat i disminució de la fatiga física.

Ordenació del lloc de treball, disposant les eines, útils i instruments sempre al millor lloc per ser emprats.

Acabament pulcre dels treballs, fent una verificació visual sistemàtica del producte final.

Prioritat de les tasques més significatives, ordenant sempre la seva execució davant de tasques més secundàries.

4. Compromís amb les obligacions associades al treball:

Conservació d'eines, útils i instruments, fent a iniciativa pròpia el manteniment més usual, neteja, greixatge si escau, i un ús adequat en les operacions.

Gestió racional del temps disponible per fer les tasques assignades, ordenant les operacions que s'han de fer i assignant un temps estimat segons la dificultat esperada.

Realització de les operacions segons les normatives i reglamentacions electrotècniques vigents, segons les normatives i recomanacions de seguretat personal, i normes internes del propi centre educatiu.

5. Participació i cooperació en el treball d'equip:

Autoorganització del petit o mitjà equip, distribuint les operacions segons les capacitats i habilitats de cada component, buscant la millor relació entre qualitat del producte i temps de treball.

Coordinació entre els components de l'equip, com a conseqüència de la seva pròpia autoorganització.

Tolerància davant opinions o punts de vista divergents, buscant una solució consensuada.

Flexibilitat de l'organització de l'equip, segons la tasca que s'ha de fer i els mitjans disponibles.

Autoaprenentatge de l'equip i de cada membre de l'equip, a partir d'experiències anteriors en altres tasques, reorganitzant-se i assumint diferents rols cada membre segons les seves habilitats.

6. Execució independent del treball:

Execució de les tasques que s'han de realitzar individualment amb autosuficiència i seguretat.

Autoavaluació sistemàtica de les tasques realitzades individualment, en els aspectes de qualitat del producte final, temps necessari, procés de treball seguit, adequació d'eines, útils i instruments a la tasca que s'ha de fer.

7. Intercanvi d'idees, opinions i experiències:

Obertura als companys, principalment als membres de l'equip, intercanviant idees i experiències, buscant la millor solució per executar tasques assignades.

Argumentació de les pròpies idees per resoldre cada tasca, contrastant-les amb les de la resta de components de l'equip o grup.

8. Comunicació empàtica:

Expressió de qualsevol idea amb cordialitat, respecte i tolerància envers la resta del grup.

9. Adaptació a noves situacions:

Transferència de coneixements i experiències a noves situacions. Reorganització de la feina a partir de dificultats no previstes.

10. Respecte per la salut, el medi ambient i la seguretat laboral:

Realització de les tasques sempre sota normatives legals de seguretat i normes internes del propi centre educatiu.

Ús correcte de cada eina o útil segons l'operació que s'ha de fer.

Recollida de les deixalles en el contenidor adequat per rebre el tractament que correspongui.

11. Valoració de resultats:

Autoavaluació sistemàtica de les tasques realitzades en els aspectes de qualitat del producte final, temps necessari, procés de treball seguit, adequació d'eines, útils i instruments a la tasca que s'ha de fer.

Utilització de l'autoavaluació com a eina per a la millora de les seves execucions personals.

12. Presa de decisions:

Reflexió sistemàtica, individual o grupal, abans de prendre decisions que no han de ser immediates, argumentant i preveient les possibles conseqüències de cada possibilitat, i optant per una solució considerada com la millor segons uns criteris prèviament establerts.

Presa de decisions ràpides davant de situacions no previstes que demanen una resposta immediata, actuant amb precisió i rapidesa.

Nuclis d'Activitats

NA	Nom	Durada
1.1	L'automatització	3
1.2	Tècniques de comandament	3
1.3	Diagrames seqüencials de moviments	8
	HORES TOTALS	**14**

UD 2: Sistemes de Control Pneumàtic i Electropneumàtic

1. Objectius de la Unitat Didàctica

1. Interpretar el funcionament general i les característiques dels sistemes automàtics de control a partir de la documentació tècnica i els esquemes corresponents.

2. Relacionar cada part de l'estructura dels sistemes automàtics de control amb les funcions que realitza dins del sistema.

3. Relacionar els dispositius i components que conformen els sistemes automàtics de control amb la simbologia normalitzada utilitzada en els esquemes i amb les característiques tecnològiques i funció que realitzen dins del sistema.

4. Muntar sistemes automàtics de control a partir dels esquemes i documentació tècnica.

5. Relacionar les diferents modalitats de funcionament dels sistemes automàtics de control amb les característiques específiques i prestacions de cada modalitat.

6. Calcular magnituds i paràmetres bàsics dels sistemes automàtics de control, a partir dels esquemes del sistema i característiques dels components i dispositius que el configuren.

7. Mesurar magnituds a sistemes automàtics de control amb instrumentació adequada, connectada correctament i segons procediments normalitzats.

8. Contrastar resultats de mesures realitzades en els sistemes automàtics de control amb les especificacions de la documentació tècnica i amb valors i paràmetres bàsics del sistema calculats.

9. Determinar diagrames de flux amb simbologia normalitzada per desenvolupar petits programes de control per a automatismes seqüencials, a partir de les especificacions funcionals i tècniques de l'aplicació.

2. Continguts

2.1. Conceptes

9. Sistemes automàtics de control pneumàtic:

9.1. Principis, lleis físiques i propietats del gasos.

9.2. La tecnologia pneumàtica: característiques tècniques i funcionals.

9.3. Parts de les instal·lacions pneumàtiques.

9.4. Producció, distribució i preparació de l'aire comprimit.

9.5. Simbologia normalitzada.

9.6. Tipologia, funcions i característiques dels equips, elements i dispositius.

9.7. Elements emissors de senyals.

9.8. Elements de comandament.

9.9. Elements de tractament dels senyals.

9.10. Elements actuants.

10. Sistemes automàtics de control electropneumàtic:

10.1. Simbologia normalitzada.

10.2. Electrovàlvules i pressòstats.

10.3. Polsadors, finals de cursa i sensors.

10.4. Processament de dades.

10.5. Comandaments en funció del recorregut, temps, pressió i altres paràmetres.

10.6. Diagrames funcionals d'etapes.

10.7. Normativa de seguretat.

2.2. Procediments

1. Anàlisi de sistemes automàtics de control:

1.1. Interpretació dels esquemes elèctrics, pneumàtics, hidràulics i mecànics del sistema.

1.2. Interpretació funcional del sistema.

1.3. Identificació de components i parts bàsiques del sistema.

1.4. Identificació dels paràmetres bàsics del sistema.

1.5. Interpretació del programari del sistema.

Identificació de les relacions programari-maquinari del sistema.

1.6. Càlcul de paràmetres.

2. Muntatge de sistemes automàtics de control:

2.1. Identificació dels components i dispositius de l'esquema.

2.2. Selecció i preparació dels components i materials de connexió.

2.3. Preparació de la base de muntatge del sistema.

2.4. Distribució racional dels components i dispositius sobre la base de suport.

2.5. Realització de les connexions elèctriques, d'aire o hidràuliques.

2.6. Comprovació visual del muntatge.

2.7. Verificació funcional del sistema automàtic.

3. Mesures de les magnituds i senyals en sistemes automàtics de control:

3.1. Identificació de les magnituds que s'han de mesurar.

3.2. Selecció dels instruments més adients segons les magnituds que cal mesurar i procediments que cal utilitzar.

3.3. Posada al punt dels instruments en funció del valor esperat dels resultats.

3.4. Realització de les mesures operant amb la seguretat i precisió demanades.

3.5. Interpretació dels resultats obtinguts, relacionant els efectes amb les causes.

Registre de resultats en el format adequat.

3.6. Conservació dels instruments de mesura.

3.7. Calibratge dels instruments de mesura.

5. Disseny i modificació de programes per a aplicacions de sistemes automàtics de control:

5.1. Anàlisi de les estructures bàsiques dels llenguatges utilitzats en la programació d'automatismes seqüencials.

5.2. Anàlisi de l'aplicació que s'ha de programar.

5.3. Representació gràfica d'algorismes amb diagrames de flux, amb GRAFCET i amb altres mètodes.

5.4. Realització del programa d'acord amb les regles de programació del llenguatge emprat.

5.5. Depuració del programa.

5.6. Verificació funcional de l'aplicació.

2.3. Actituds

1. Execució sistemàtica del procés de resolució de problemes:

Presa de decisions raonades en la realització de muntatges d'automatismes pneumàtics, hidràulics, elèctrics i aplicacions d'automatismes programables, argumentant la selecció de materials i dispositius feta.

2. Optimació del treball:

Autoorganització de les seqüències de les operacions que s'han de realitzar muntant automatismes, buscant optimar la relació entre qualitat i temps.

3. Ordre i mètode de treball:

Ordenació racional de les operacions que s'han de realitzar dins de cada tasca.

Autoavaluació dels mètodes de treball emprats en operacions de manipulació, buscant millorar els factors qualitat del producte, temps emprat i disminució de la fatiga física.

Ordenació del lloc de treball, disposant les eines, útils i instruments sempre al millor lloc per ser emprats.

Acabament pulcre dels treballs, fent una verificació visual sistemàtica del producte final.

Prioritat de les tasques més significatives, ordenant sempre la seva execució davant de tasques més secundàries.

4. Compromís amb les obligacions associades al treball:

Conservació d'eines, útils i instruments, fent a iniciativa pròpia el manteniment més usual, neteja, greixatge si escau, i un ús adequat en les operacions.

Gestió racional del temps disponible per fer les tasques assignades, ordenant les operacions que s'han de fer i assignant un temps estimat segons la dificultat esperada.

Realització de les operacions segons les normatives i reglamentacions electrotècniques vigents, segons les normatives i recomanacions de seguretat personal, i normes internes del propi centre educatiu.

5. Participació i cooperació en el treball d'equip:

Autoorganització del petit o mitjà equip, distribuint les operacions segons les capacitats i habilitats de cada component, buscant la millor relació entre qualitat del producte i temps de treball.

Coordinació entre els components de l'equip, com a conseqüència de la seva pròpia autoorganització.

Tolerància davant opinions o punts de vista divergents, buscant una solució consensuada.

Flexibilitat de l'organització de l'equip, segons la tasca que s'ha de fer i els mitjans disponibles.

Autoaprenentatge de l'equip i de cada membre de l'equip, a partir d'experiències anteriors en altres tasques, reorganitzant-se i assumint diferents rols cada membre segons les seves habilitats.

6. Execució independent del treball:

Execució de les tasques que s'han de realitzar individualment amb autosuficiència i seguretat.

Autoavaluació sistemàtica de les tasques realitzades individualment, en els aspectes de qualitat del producte final, temps necessari, procés de treball seguit, adequació d'eines, útils i instruments a la tasca que s'ha de fer.

7. Intercanvi d'idees, opinions i experiències:

Obertura als companys, principalment als membres de l'equip, intercanviant idees i experiències, buscant la millor solució per executar tasques assignades.

Argumentació de les pròpies idees per resoldre cada tasca, contrastant-les amb les de la resta de components de l'equip o grup.

8. Comunicació empàtica:

Expressió de qualsevol idea amb cordialitat, respecte i tolerància envers la resta del grup.

9. Adaptació a noves situacions:

Transferència de coneixements i experiències a noves situacions.

Reorganització de la feina a partir de dificultats no previstes.

10. Respecte per la salut, el medi ambient i la seguretat laboral:

Realització de les tasques sempre sota normatives legals de seguretat i normes internes del propi centre educatiu.

Ús correcte de cada eina o útil segons l'operació que s'ha de fer.

Recollida de les deixalles en el contenidor adequat per rebre el tractament que correspongui.

11. Valoració de resultats:

Autoavaluació sistemàtica de les tasques realitzades en els aspectes de qualitat del producte final, temps necessari, procés de treball seguit, adequació d'eines, útils i instruments a la tasca que s'ha de fer.

Utilització de l'autoavaluació com a eina per a la millora de les seves execucions personals.

12. Presa de decisions:

Reflexió sistemàtica, individual o grupal, abans de prendre decisions que no han de ser immediates, argumentant i preveient les possibles conseqüències de cada possibilitat, i optant per una solució considerada com la millor segons uns criteris prèviament establerts.

Presa de decisions ràpides davant de situacions no previstes que demanen una resposta immediata, actuant amb precisió i rapidesa.

Nuclis d'Activitats

NA	Nom	Durada
2.1	Generació i distribució de l'aire comprimit	10
2.2	Components dels circuits pneumàtics i electropneumàtics	6
2.3	Comandament i control pneumàtic i electropneumàtic	42
	HORES TOTALS	**58**

UD 3: Màquines i Quadres Elèctrics

1. Objectius de la Unitat Didàctica

1. Interpretar el funcionament general i les característiques dels sistemes automàtics de control a partir de la documentació tècnica i els esquemes corresponents.

2. Relacionar cada part de l'estructura dels sistemes automàtics de control amb les funcions que realitza dins del sistema.

3. Relacionar els dispositius i components que conformen els sistemes automàtics de control amb la simbologia normalitzada utilitzada en els esquemes i amb les característiques tecnològiques i funció que realitzen dins del sistema.

4. Muntar sistemes automàtics de control a partir dels esquemes i documentació tècnica.

5. Relacionar les diferents modalitats de funcionament dels sistemes automàtics de control amb les característiques específiques i prestacions de cada modalitat.

6. Calcular magnituds i paràmetres bàsics dels sistemes automàtics de control, a partir dels esquemes del sistema i característiques dels components i dispositius que el configuren.

7. Mesurar magnituds a sistemes automàtics de control amb instrumentació adequada, connectada correctament i segons procediments normalitzats.

8. Contrastar resultats de mesures realitzades en els sistemes automàtics de control amb les especificacions de la documentació tècnica i amb valors i paràmetres bàsics del sistema calculats.

9. Relacionar variacions o modificacions de components i dispositius dels sistemes automàtics de control amb els efectes observables en les magnituds i paràmetres del sistema.

2. Continguts

2.1. Conceptes

5. Quadres elèctrics:

5.1. Tipus de quadres i aplicacions.

5.2. Simbologia utilitzada en croquis i plànols constructius de quadres.

5.3. Materials per al muntatge de quadres.

6. Comandament, regulació i maniobres en màquines elèctriques:

6.1. Sistemes de comandament i regulació per a màquines elèctriques.

6.2. Dispositius de comandament i regulació: sensors, reguladors i actuants.

6.3. Relés i contactors.

6.4. Elements de protecció.

6.5. Elements de mesura i senyalització.

6.6. Sistemes d'arrencada de motors elèctrics: automatismes elèctrics i electrònics.

6.7. Variació de la velocitat de màquines elèctriques de CC i de CA: captadors de velocitat, equips elèctrics i electrònics de regulació.

2.2. Procediments

1. Anàlisi de sistemes automàtics de control:

1.1. Interpretació dels esquemes elèctrics, pneumàtics, hidràulics i mecànics del sistema.

1.2. Interpretació funcional del sistema.

1.3. Identificació de components i parts bàsiques del sistema.

1.4. Identificació dels paràmetres bàsics del sistema.

1.5. Interpretació del programari del sistema.

Identificació de les relacions programari-maquinari del sistema.

1.6. Càlcul de paràmetres.

2. Muntatge de sistemes automàtics de control:

2.1. Identificació dels components i dispositius de l'esquema.

2.2. Selecció i preparació dels components i materials de connexió.

2.3. Preparació de la base de muntatge del sistema.

2.4. Distribució racional dels components i dispositius sobre la base de suport.

2.5. Realització de les connexions elèctriques, d'aire o hidràuliques.

2.6. Comprovació visual del muntatge.

2.7. Verificació funcional del sistema automàtic.

3. Mesures de les magnituds i senyals en sistemes automàtics de control:

3.1. Identificació de les magnituds que s'han de mesurar.

3.2. Selecció dels instruments més adients segons les magnituds que cal mesurar i procediments que cal utilitzar.

3.3. Posada al punt dels instruments en funció del valor esperat dels resultats.

3.4. Realització de les mesures operant amb la seguretat i precisió demanades.

3.5. Interpretació dels resultats obtinguts, relacionant els efectes amb les causes. Registre de resultats en el format adequat.

3.6. Conservació dels instruments de mesura.

3.7. Calibratge dels instruments de mesura.

4. Ajust dels paràmetres del programari i dels elements del maquinari que configuren els sistemes automàtics de control:

4.1. Obtenció de les dades, paràmetres i senyals de control en els punts de test del maquinari i programari dels sistemes.

4.2. Contrastació de les dades i paràmetres de control amb les especificacions de la documentació tècnica.

4.3. Ajust dels elements del sistema.

2.3. Actituds

1. Execució sistemàtica del procés de resolució de problemes:

Presa de decisions raonades en la realització de muntatges d'automatismes pneumàtics, hidràulics, elèctrics i aplicacions d'automatismes programables, argumentant la selecció de materials i dispositius feta.

2. Optimació del treball:

Autoorganització de les seqüències de les operacions que s'han de realitzar muntant automatismes, buscant optimar la relació entre qualitat i temps.

3. Ordre i mètode de treball:

Ordenació racional de les operacions que s'han de realitzar dins de cada tasca.

Autoavaluació dels mètodes de treball emprats en operacions de manipulació, buscant millorar els factors qualitat del producte, temps emprat i disminució de la fatiga física.

Ordenació del lloc de treball, disposant les eines, útils i instruments sempre al millor lloc per ser emprats.

Acabament pulcre dels treballs, fent una verificació visual sistemàtica del producte final.

Prioritat de les tasques més significatives, ordenant sempre la seva execució davant de tasques més secundàries.

4. Compromís amb les obligacions associades al treball:

Conservació d'eines, útils i instruments, fent a iniciativa pròpia el manteniment més usual, neteja, greixatge si escau, i un ús adequat en les operacions.

Gestió racional del temps disponible per fer les tasques assignades, ordenant les operacions que s'han de fer i assignant un temps estimat segons la dificultat esperada.

Realització de les operacions segons les normatives i reglamentacions electrotècniques vigents, segons les normatives i recomanacions de seguretat personal, i normes internes del propi centre educatiu.

5. Participació i cooperació en el treball d'equip:

Autoorganització del petit o mitjà equip, distribuint les operacions segons les capacitats i habilitats de cada component, buscant la millor relació entre qualitat del producte i temps de treball.

Coordinació entre els components de l'equip, com a conseqüència de la seva pròpia autoorganització.

Tolerància davant opinions o punts de vista divergents, buscant una solució consensuada.

Flexibilitat de l'organització de l'equip, segons la tasca que s'ha de fer i els mitjans disponibles.

Autoaprenentatge de l'equip i de cada membre de l'equip, a partir d'experiències anteriors en altres tasques, reorganitzant-se i assumint diferents rols cada membre segons les seves habilitats.

6. Execució independent del treball:

Execució de les tasques que s'han de realitzar individualment amb autosuficiència i seguretat.

Autoavaluació sistemàtica de les tasques realitzades individualment, en els aspectes de qualitat del producte final, temps necessari, procés de treball seguit, adequació d'eines, útils i instruments a la tasca que s'ha de fer.

7. Intercanvi d'idees, opinions i experiències:

Obertura als companys, principalment als membres de l'equip, intercanviant idees i experiències, buscant la millor solució per executar tasques assignades.

Argumentació de les pròpies idees per resoldre cada tasca, contrastant-les amb les de la resta de components de l'equip o grup.

8. Comunicació empàtica:

Expressió de qualsevol idea amb cordialitat, respecte i tolerància envers la resta del grup.

9. Adaptació a noves situacions:

Transferència de coneixements i experiències a noves situacions.

Reorganització de la feina a partir de dificultats no previstes.

10. Respecte per la salut, el medi ambient i la seguretat laboral:

Realització de les tasques sempre sota normatives legals de seguretat i normes internes del propi centre educatiu.

Ús correcte de cada eina o útil segons l'operació que s'ha de fer.

Recollida de les deixalles en el contenidor adequat per rebre el tractament que correspongui.

11. Valoració de resultats:

Autoavaluació sistemàtica de les tasques realitzades en els aspectes de qualitat del producte final, temps necessari, procés de treball seguit, adequació d'eines, útils i instruments a la tasca que s'ha de fer.

Utilització de l'autoavaluació com a eina per a la millora de les seves execucions personals.

12. Presa de decisions:

Reflexió sistemàtica, individual o grupal, abans de prendre decisions que no han de ser immediates, argumentant i preveient les possibles conseqüències de cada possibilitat, i optant per una solució considerada com la millor segons uns criteris prèviament establerts.

Presa de decisions ràpides davant de situacions no previstes que demanen una resposta immediata, actuant amb precisió i rapidesa.

Nuclis d'Activitats

NA	Nom	Durada
3.1	Automatització en el camp elèctric.	5
3.2	Muntatges d'automatismes i quadres elèctrics	38
3.3	Sistemes de comandament i regulació en màquines elèctriques	17
	HORES TOTALS	**60**

UD 4: *Àlgebra de Boole. Aplicacions*

1. Objectius de la Unitat Didàctica

1. Interpretar el funcionament general i les característiques dels sistemes automàtics de control a partir de la documentació tècnica i els esquemes corresponents.

2. Relacionar cada part de l'estructura dels sistemes automàtics de control amb les funcions que realitza dins del sistema.

3. Relacionar els dispositius i components que conformen els sistemes automàtics de control amb la simbologia normalitzada utilitzada en els esquemes i amb les característiques tecnològiques i funció que realitzen dins del sistema.

4. Muntar sistemes automàtics de control a partir dels esquemes i documentació tècnica.

5. Relacionar les diferents modalitats de funcionament dels sistemes automàtics de control amb les característiques específiques i prestacions de cada modalitat.

6. Determinar diagrames de flux amb simbologia normalitzada per desenvolupar petits programes de control per a automatismes seqüencials, a partir de les especificacions funcionals i tècniques de l'aplicació.

7. Codificar programes documentats de control d'automatismes seqüencials, amb el llenguatge més adequat, a partir del diagrama de flux i d'algorismes de control optimats.

8. Integrar les parts de maquinari i programari del sistema automàtic de control, segons procediments establerts en la documentació tècnica.

9. Comprovar les característiques de funcionalitat, fiabilitat i seguretat del procés en el sistema integrat per les parts de programari i de maquinari.

2. Continguts

2.1. Conceptes
3. Lògica combinacional:
    3.1. Elements bàsics d'àlgebra de Boole.
    3.2. Variables binàries i funcions lògiques.

3.3. Funcions lògiques combinacionals.

3.4. Implementació en les diferents tecnologies.

4. Lògica seqüencial:

4.1. Característiques dels sistemes seqüencials

4.2. Funció memòria.

4.3. Funcions bàsiques seqüencials: comptadors i registres de desplaçament.

4.4. Memòries: tipologia i característiques.

4.5. Implementació en les diferents tecnologies

2.2. Procediments

1. Anàlisi de sistemes automàtics de control:

1.1. Interpretació dels esquemes elèctrics, pneumàtics, hidràulics i mecànics del sistema.

1.2. Interpretació funcional del sistema.

1.3. Identificació de components i parts bàsiques del sistema.

1.4. Identificació dels paràmetres bàsics del sistema.

1.5. Interpretació del programari del sistema.

Identificació de les relacions programari-maquinari del sistema.

1.6. Càlcul de paràmetres.

2. Muntatge de sistemes automàtics de control:

2.1. Identificació dels components i dispositius de l'esquema.

2.2. Selecció i preparació dels components i materials de connexió.

2.3. Preparació de la base de muntatge del sistema.

2.4. Distribució racional dels components i dispositius sobre la base de suport.

2.5. Realització de les connexions elèctriques, d'aire o hidràuliques.

2.6. Comprovació visual del muntatge.

2.7. Verificació funcional del sistema automàtic.

3. Mesures de les magnituds i senyals en sistemes automàtics de control:

3.1. Identificació de les magnituds que s'han de mesurar.

3.2. Selecció dels instruments més adients segons les magnituds que cal mesurar i procediments que cal utilitzar.

3.3. Posada al punt dels instruments en funció del valor esperat dels resultats.

3.4. Realització de les mesures operant amb la seguretat i precisió demanades.

3.5. Interpretació dels resultats obtinguts, relacionant els efectes amb les causes. Registre de resultats en el format adequat.

3.6. Conservació dels instruments de mesura.

3.7. Calibratge dels instruments de mesura.

4. Ajust dels paràmetres del programari i dels elements del maquinari que configuren els sistemes automàtics de control:

4.1. Obtenció de les dades, paràmetres i senyals de control en els punts de test del maquinari i programari dels sistemes.

4.2. Contrastació de les dades i paràmetres de control amb les especificacions de la documentació tècnica.

4.3. Ajust dels elements del sistema.

5. Disseny i modificació de programes per a aplicacions de sistemes automàtics de control:

5.1. Anàlisi de les estructures bàsiques dels llenguatges utilitzats en la programació d'automatismes seqüencials.

5.2. Anàlisi de l'aplicació que s'ha de programar.

5.3. Representació gràfica d'algorismes amb diagrames de flux, amb GRAFCET i amb altres mètodes.

5.4. Realització del programa d'acord amb les regles de programació del llenguatge emprat.

5.5. Depuració del programa.

5.6. Verificació funcional de l'aplicació.

2.3. Actituds

1. Execució sistemàtica del procés de resolució de problemes:

Presa de decisions raonades en la realització de muntatges d'automatismes pneumàtics, hidràulics, elèctrics i aplicacions d'automatismes programables, argumentant la selecció de materials i dispositius feta.

2. Optimació del treball:

Autoorganització de les seqüències de les operacions que s'han de realitzar muntant automatismes, buscant optimar la relació entre qualitat i temps.

3. Ordre i mètode de treball:

Ordenació racional de les operacions que s'han de realitzar dins de cada tasca.

Autoavaluació dels mètodes de treball emprats en operacions de manipulació, buscant millorar els factors qualitat del producte, temps emprat i disminució de la fatiga física.

Ordenació del lloc de treball, disposant les eines, útils i instruments sempre al millor lloc per ser emprats.

Acabament pulcre dels treballs, fent una verificació visual sistemàtica del producte final.

Prioritat de les tasques més significatives, ordenant sempre la seva execució davant de tasques més secundàries.

4. Compromís amb les obligacions associades al treball:

Conservació d'eines, útils i instruments, fent a iniciativa pròpia el manteniment més usual, neteja, greixatge si escau, i un ús adequat en les operacions.

Gestió racional del temps disponible per fer les tasques assignades, ordenant les operacions que s'han de fer i assignant un temps estimat segons la dificultat esperada.

Realització de les operacions segons les normatives i reglamentacions electrotècniques vigents, segons les normatives i recomanacions de seguretat personal, i normes internes del propi centre educatiu.

5. Participació i cooperació en el treball d'equip:

Autoorganització del petit o mitjà equip, distribuint les operacions segons les capacitats i habilitats de cada component, buscant la millor relació entre qualitat del producte i temps de treball.

Coordinació entre els components de l'equip, com a conseqüència de la seva pròpia autoorganització.

Tolerància davant opinions o punts de vista divergents, buscant una solució consensuada.

Flexibilitat de l'organització de l'equip, segons la tasca que s'ha de fer i els mitjans disponibles.

Autoaprenentatge de l'equip i de cada membre de l'equip, a partir d'experiències anteriors en altres tasques, reorganitzant-se i assumint diferents rols cada membre segons les seves habilitats.

6. Execució independent del treball:

Execució de les tasques que s'han de realitzar individualment amb autosuficiència i seguretat.

Autoavaluació sistemàtica de les tasques realitzades individualment, en els aspectes de qualitat del producte final, temps necessari, procés de treball seguit, adequació d'eines, útils i instruments a la tasca que s'ha de fer.

7. *Intercanvi d'idees, opinions i experiències:*

Obertura als companys, principalment als membres de l'equip, intercanviant idees i experiències, buscant la millor solució per executar tasques assignades.

Argumentació de les pròpies idees per resoldre cada tasca, contrastant-les amb les de la resta de components de l'equip o grup.

8. *Comunicació empàtica:*

Expressió de qualsevol idea amb cordialitat, respecte i tolerància envers la resta del grup.

9. *Adaptació a noves situacions:*

Transferència de coneixements i experiències a noves situacions.

Reorganització de la feina a partir de dificultats no previstes.

10. *Respecte per la salut, el medi ambient i la seguretat laboral:*

Realització de les tasques sempre sota normatives legals de seguretat i normes internes del propi centre educatiu.

Ús correcte de cada eina o útil segons l'operació que s'ha de fer.

Recollida de les deixalles en el contenidor adequat per rebre el tractament que correspongui.

11. *Valoració de resultats:*

Autoavaluació sistemàtica de les tasques realitzades en els aspectes de qualitat del producte final, temps necessari, procés de treball seguit, adequació d'eines, útils i instruments a la tasca que s'ha de fer.

Utilització de l'autoavaluació com a eina per a la millora de les seves execucions personals.

12. *Presa de decisions:*

Reflexió sistemàtica, individual o grupal, abans de prendre decisions que no han de ser immediates, argumentant i preveient les possibles conseqüències de cada possibilitat, i optant per una solució considerada com la millor segons uns criteris prèviament establerts.

Presa de decisions ràpides davant de situacions no previstes que demanen una resposta immediata, actuant amb precisió i rapidesa.

Nuclis d'Activitats

NA	Nom	Durada
4.1	Sistemes de numeració	8
4.2	Introducció a l'àlgebra de Boole	8
4.3	Simplificació de funcions i minimització de circuits	12
	HORES TOTALS	**28**

UD 5: *Autòmats Programables*

1. Objectius de la Unitat Didàctica

1. Determinar diagrames de flux amb simbologia normalitzada per desenvolupar petits programes de control per a automatismes seqüencials, a partir de les especificacions funcionals i tècniques de l'aplicació.

2. Codificar programes documentats de control d'automatismes seqüencials, amb el llenguatge més adequat, a partir del diagrama de flux i d'algorismes de control optimats.

3. Integrar les parts de maquinari i programari del sistema automàtic de control, segons procediments establerts en la documentació tècnica.

4. Comprovar les característiques de funcionalitat, fiabilitat i seguretat del procés en el sistema integrat per les parts de programari i de maquinari.

2. Continguts

2.1. Conceptes
8. Autòmats programables
8.1. Funcions i característiques de l'autòmat programable com element de control en els

sistemes automàtics.

8.2. Estructura funcional d'un autòmat.

8.3. Entrades i sortides, digitals, analògiques i especials.

8.4. Tècniques de programació d'autòmats: llistat d'instruccions, esquema de contactes, GRAFCET i d'altres.

8.5. Tècniques de comunicació entre l'autòmat i el seu entorn.

8.6. Control electrofluídic mitjançant autòmat.

2.2. Procediments
1. Anàlisi de sistemes automàtics de control:
1.1. Interpretació dels esquemes elèctrics, pneumàtics, hidràulics i mecànics del sistema.

1.2. Interpretació funcional del sistema.

1.3. Identificació de components i parts bàsiques del sistema.

1.4. Identificació dels paràmetres bàsics del sistema.

1.5. Interpretació del programari del sistema.

Identificació de les relacions programari-maquinari del sistema.

1.6. Càlcul de paràmetres.

2. Muntatge de sistemes automàtics de control:

2.1. Identificació dels components i dispositius de l'esquema.

2.2. Selecció i preparació dels components i materials de connexió.

2.3. Preparació de la base de muntatge del sistema.

2.4. Distribució racional dels components i dispositius sobre la base de suport.

2.5. Realització de les connexions elèctriques, d'aire o hidràuliques.

2.6. Comprovació visual del muntatge.

2.7. Verificació funcional del sistema automàtic.

3. Mesures de les magnituds i senyals en sistemes automàtics de control:

3.1. Identificació de les magnituds que s'han de mesurar.

3.2. Selecció dels instruments més adients segons les magnituds que cal mesurar i procediments que cal utilitzar.

3.3. Posada al punt dels instruments en funció del valor esperat dels resultats.

3.4. Realització de les mesures operant amb la seguretat i precisió demanades.

3.5. Interpretació dels resultats obtinguts, relacionant els efectes amb les causes. Registre de resultats en el format adequat.

3.6. Conservació dels instruments de mesura.

3.7. Calibratge dels instruments de mesura.

4. Ajust dels paràmetres del programari i dels elements del maquinari que configuren els sistemes automàtics de control:

4.1. Obtenció de les dades, paràmetres i senyals de control en els punts de test del maquinari i programari dels sistemes.

4.2. Contrastació de les dades i paràmetres de control amb les especificacions de la documentació tècnica.

4.3. Ajust dels elements del sistema.

5. Disseny i modificació de programes per a aplicacions de sistemes automàtics de control:

5.1. Anàlisi de les estructures bàsiques dels llenguatges utilitzats en la programació d'automatismes seqüencials.

5.2. Anàlisi de l'aplicació que s'ha de programar.

5.3. Representació gràfica d'algorismes amb diagrames de flux, amb GRAFCET i amb altres mètodes.

5.4. Realització del programa d'acord amb les regles de programació del llenguatge emprat.

5.5. Depuració del programa.

5.6. Verificació funcional de l'aplicació.

2.3. Actituds

1. Execució sistemàtica del procés de resolució de problemes:

Presa de decisions raonades en la realització de muntatges d'automatismes pneumàtics, hidràulics, elèctrics i aplicacions d'automatismes programables, argumentant la selecció de materials i dispositius feta.

2. Optimació del treball:

Autoorganització de les seqüències de les operacions que s'han de realitzar muntant automatismes, buscant optimar la relació entre qualitat i temps.

3. Ordre i mètode de treball:

Ordenació racional de les operacions que s'han de realitzar dins de cada tasca.

Autoavaluació dels mètodes de treball emprats en operacions de manipulació, buscant millorar els factors qualitat del producte, temps emprat i disminució de la fatiga física.

Ordenació del lloc de treball, disposant les eines, útils i instruments sempre al millor lloc per ser emprats.

Acabament pulcre dels treballs, fent una verificació visual sistemàtica del producte final.

Prioritat de les tasques més significatives, ordenant sempre la seva execució davant de tasques més secundàries.

4. Compromís amb les obligacions associades al treball:

Conservació d'eines, útils i instruments, fent a iniciativa pròpia el manteniment més usual, neteja, greixatge si escau, i un ús adequat en les operacions.

Gestió racional del temps disponible per fer les tasques assignades, ordenant les operacions que s'han de fer i assignant un temps estimat segons la dificultat esperada.

Realització de les operacions segons les normatives i reglamentacions electrotècniques vigents, segons les normatives i recomanacions de seguretat personal, i normes internes del propi centre educatiu.

5. Participació i cooperació en el treball d'equip:

Autoorganització del petit o mitjà equip, distribuint les operacions segons les capacitats i habilitats de cada component, buscant la millor relació entre qualitat del producte i temps de treball.

Coordinació entre els components de l'equip, com a conseqüència de la seva pròpia autoorganització.

Tolerància davant opinions o punts de vista divergents, buscant una solució consensuada.

Flexibilitat de l'organització de l'equip, segons la tasca que s'ha de fer i els mitjans disponibles.

Autoaprenentatge de l'equip i de cada membre de l'equip, a partir d'experiències anteriors en altres tasques, reorganitzant-se i assumint diferents rols cada membre segons les seves habilitats.

6. Execució independent del treball:

Execució de les tasques que s'han de realitzar individualment amb autosuficiència i seguretat.

Autoavaluació sistemàtica de les tasques realitzades individualment, en els aspectes de qualitat del producte final, temps necessari, procés de treball seguit, adequació d'eines, útils i instruments a la tasca que s'ha de fer.

7. Intercanvi d'idees, opinions i experiències:

Obertura als companys, principalment als membres de l'equip, intercanviant idees i experiències, buscant la millor solució per executar tasques assignades.

Argumentació de les pròpies idees per resoldre cada tasca, contrastant-les amb les de la resta de components de l'equip o grup.

8. Comunicació empàtica:

Expressió de qualsevol idea amb cordialitat, respecte i tolerància envers la resta del grup.

9. Adaptació a noves situacions:

Transferència de coneixements i experiències a noves situacions. Reorganització de la feina a partir de dificultats no previstes.

10. Respecte per la salut, el medi ambient i la seguretat laboral:

Realització de les tasques sempre sota normatives legals de seguretat i normes internes del propi centre educatiu.

Ús correcte de cada eina o útil segons l'operació que s'ha de fer.

Recollida de les deixalles en el contenidor adequat per rebre el tractament que correspongui.

11. Valoració de resultats:

Autoavaluació sistemàtica de les tasques realitzades en els aspectes de qualitat del producte final, temps necessari, procés de treball seguit, adequació d'eines, útils i instruments a la tasca que s'ha de fer.

Utilització de l'autoavaluació com a eina per a la millora de les seves execucions personals.

12. Presa de decisions:

Reflexió sistemàtica, individual o grupal, abans de prendre decisions que no han de ser immediates, argumentant i preveient les possibles conseqüències de cada possibilitat, i optant per una solució considerada com la millor segons uns criteris prèviament establerts.

Presa de decisions ràpides davant de situacions no previstes que demanen una resposta immediata, actuant amb precisió i rapidesa.

Nuclis d'Activitats

NA	Nom	Durada
5.1	Introducció a l'autòmat programable	5
5.2	Tècniques de programació amb diagrames de contactes i GRAFCET	10
5.3	Muntatge i proves d'automatismes amb autòmats programables	15
	HORES TOTALS	30

UD 6: Sistemes de Control Hidràulic i Electrohidràulic

1. Objectius de la Unitat Didàctica

1. Interpretar el funcionament general i les característiques dels sistemes automàtics de control a partir de la documentació tècnica i els esquemes corresponents.

2. Relacionar cada part de l'estructura dels sistemes automàtics de control amb les funcions que realitza dins del sistema.

3. Relacionar els dispositius i components que conformen els sistemes automàtics de control amb la simbologia normalitzada utilitzada en els esquemes i amb les característiques tecnològiques i funció que realitzen dins del sistema.

4. Muntar sistemes automàtics de control a partir dels esquemes i documentació tècnica.

5. Relacionar les diferents modalitats de funcionament dels sistemes automàtics de control amb les característiques específiques i prestacions de cada modalitat.

6. Calcular magnituds i paràmetres bàsics dels sistemes automàtics de control, a partir dels esquemes del sistema i característiques dels components i dispositius que el configuren.

7. Mesurar magnituds a sistemes automàtics de control amb instrumentació adequada, connectada correctament i segons procediments normalitzats.

8. Determinar diagrames de flux amb simbologia normalitzada per desenvolupar petits programes de control per a automatismes seqüencials, a partir de les especificacions funcionals i tècniques de l'aplicació.

2. Continguts

2.1. Conceptes

11. Sistemes automàtics de control hidràulic:

11.1. Principis, lleis físiques i propietats dels fluids líquids.

11.2. La tecnologia hidràulica: característiques tècniques i funcionals.

11.3. Parts de les instal·lacions hidràuliques.

11.4. Producció, conducció i distribució dels fluids líquids.

11.5. Simbologia normalitzada.

11.6. Tipologia, funcions i característiques dels equips, elements i dispositius.

11.7. Elements emissors de senyals.

11.8. Elements de comandament.

11.9. Elements de tractament de senyals.

11.10. Elements actuants.

12. Sistemes automàtics de control electrohidràulic:

12.1. Simbologia normalitzada.

12.2. Comandament directe/indirecte d'actuants.

12.3. Condicions manual, automàtic i d'emergència.

12.4. Comandaments en funció de la pressió, posició, velocitat i altres paràmetres.

12.5. Sistemes de bloqueig.

12.6. Diagrames funcionals d'etapes.

12.7. Normativa de la seguretat.

2.2. Procediments

1. Anàlisi de sistemes automàtics de control:

1.1. Interpretació dels esquemes elèctrics, pneumàtics, hidràulics i mecànics del sistema.

1.2. Interpretació funcional del sistema.

1.3. Identificació de components i parts bàsiques del sistema.

1.4. Identificació dels paràmetres bàsics del sistema.

1.5. Interpretació del programari del sistema.

Identificació de les relacions programari-maquinari del sistema.

1.6. Càlcul de paràmetres.

2. Muntatge de sistemes automàtics de control:

2.1. Identificació dels components i dispositius de l'esquema.

2.2. Selecció i preparació dels components i materials de connexió.

2.3. Preparació de la base de muntatge del sistema.

2.4. Distribució racional dels components i dispositius sobre la base de suport.

2.5. Realització de les connexions elèctriques, d'aire o hidràuliques.

2.6. Comprovació visual del muntatge.

2.7. Verificació funcional del sistema automàtic.

3. *Mesures de les magnituds i senyals en sistemes automàtics de control:*

3.1. Identificació de les magnituds que s'han de mesurar.

3.2. Selecció dels instruments més adients segons les magnituds que cal mesurar i procediments que cal utilitzar.

3.3. Posada al punt dels instruments en funció del valor esperat dels resultats.

3.4. Realització de les mesures operant amb la seguretat i precisió demanades.

3.5. Interpretació dels resultats obtinguts, relacionant els efectes amb les causes. Registre de resultats en el format adequat.

3.6. Conservació dels instruments de mesura.

3.7. Calibratge dels instruments de mesura.

4. *Ajust dels paràmetres del programari i dels elements del maquinari que configuren els sistemes automàtics de control:*

4.1. Obtenció de les dades, paràmetres i senyals de control en els punts de test del maquinari i programari dels sistemes.

4.2. Contrastació de les dades i paràmetres de control amb les especificacions de la documentació tècnica.

4.3. Ajust dels elements del sistema.

5. *Disseny i modificació de programes per a aplicacions de sistemes automàtics de control:*

5.1. Anàlisi de les estructures bàsiques dels llenguatges utilitzats en la programació d'automatismes seqüencials.

5.2. Anàlisi de l'aplicació que s'ha de programar.

5.3. Representació gràfica d'algorismes amb diagrames de flux, amb GRAFCET i amb altres mètodes.

5.4. Realització del programa d'acord amb les regles de programació del llenguatge emprat.

5.5. Depuració del programa.

5.6. Verificació funcional de l'aplicació.

2.3. Actituds

1. *Execució sistemàtica del procés de resolució de problemes:*

Presa de decisions raonades en la realització de muntatges d'automatismes pneumàtics, hidràulics, elèctrics i aplicacions d'automatismes programables, argumentant la selecció de materials i dispositius feta.

2. Optimació del treball:

Autoorganització de les seqüències de les operacions que s'han de realitzar muntant automatismes, buscant optimar la relació entre qualitat i temps.

3. Ordre i mètode de treball:

Ordenació racional de les operacions que s'han de realitzar dins de cada tasca.

Autoavaluació dels mètodes de treball emprats en operacions de manipulació, buscant millorar els factors qualitat del producte, temps emprat i disminució de la fatiga física.

Ordenació del lloc de treball, disposant les eines, útils i instruments sempre al millor lloc per ser emprats.

Acabament pulcre dels treballs, fent una verificació visual sistemàtica del producte final.

Prioritat de les tasques més significatives, ordenant sempre la seva execució davant de tasques més secundàries.

4. Compromís amb les obligacions associades al treball:

Conservació d'eines, útils i instruments, fent a iniciativa pròpia el manteniment més usual, neteja, greixatge si escau, i un ús adequat en les operacions.

Gestió racional del temps disponible per fer les tasques assignades, ordenant les operacions que s'han de fer i assignant un temps estimat segons la dificultat esperada.

Realització de les operacions segons les normatives i reglamentacions electrotècniques vigents, segons les normatives i recomanacions de seguretat personal, i normes internes del propi centre educatiu.

5. Participació i cooperació en el treball d'equip:

Autoorganització del petit o mitjà equip, distribuint les operacions segons les capacitats i habilitats de cada component, buscant la millor relació entre qualitat del producte i temps de treball.

Coordinació entre els components de l'equip, com a conseqüència de la seva pròpia autoorganització.

Tolerància davant opinions o punts de vista divergents, buscant una solució consensuada.

Flexibilitat de l'organització de l'equip, segons la tasca que s'ha de fer i els mitjans disponibles.

Autoaprenentatge de l'equip i de cada membre de l'equip, a partir d'experiències anteriors en altres tasques, reorganitzant-se i assumint diferents rols cada membre segons les seves habilitats.

6. Execució independent del treball:

Execució de les tasques que s'han de realitzar individualment amb autosuficiència i seguretat.

Autoavaluació sistemàtica de les tasques realitzades individualment, en els aspectes de qualitat del producte final, temps necessari, procés de treball seguit, adequació d'eines, útils i instruments a la tasca que s'ha de fer.

7. Intercanvi d'idees, opinions i experiències:

Obertura als companys, principalment als membres de l'equip, intercanviant idees i experiències, buscant la millor solució per executar tasques assignades.

Argumentació de les pròpies idees per resoldre cada tasca, contrastant-les amb les de la resta de components de l'equip o grup.

8. Comunicació empàtica:

Expressió de qualsevol idea amb cordialitat, respecte i tolerància envers la resta del grup.

9. Adaptació a noves situacions:

Transferència de coneixements i experiències a noves situacions.

Reorganització de la feina a partir de dificultats no previstes.

10. Respecte per la salut, el medi ambient i la seguretat laboral:

Realització de les tasques sempre sota normatives legals de seguretat i normes internes del propi centre educatiu.

Ús correcte de cada eina o útil segons l'operació que s'ha de fer.

Recollida de les deixalles en el contenidor adequat per rebre el tractament que correspongui.

11. Valoració de resultats:

Autoavaluació sistemàtica de les tasques realitzades en els aspectes de qualitat del producte final, temps necessari, procés de treball seguit, adequació d'eines, útils i instruments a la tasca que s'ha de fer.

Utilització de l'autoavaluació com a eina per a la millora de les seves execucions personals.

12. Presa de decisions:

Reflexió sistemàtica, individual o grupal, abans de prendre decisions que no han de ser immediates, argumentant i preveient les possibles conseqüències de cada possibilitat, i optant per una solució considerada com la millor segons uns criteris prèviament establerts.

Presa de decisions ràpides davant de situacions no previstes que demanen una resposta immediata, actuant amb precisió i rapidesa.

Nuclis d'Activitats

NA	Nom	Durada
6.1	Principis hidràulics	4
6.2	Components dels circuits hidràulics i electrohidràulics	4
6.3	Comandament i control hidràulic i electrohidràulic	8
	HORES TOTALS	**16**

UD 7: Instrumentació Mecànica i Elèctrica

1. Objectius de la Unitat Didàctica

1. Interpretar el funcionament general i les característiques dels sistemes automàtics de control a partir de la documentació tècnica i els esquemes corresponents.

2. Relacionar els dispositius i components que conformen els sistemes automàtics de control amb la simbologia normalitzada utilitzada en els esquemes i amb les característiques tecnològiques i funció que realitzen dins del sistema.

3. Relacionar les diferents modalitats de funcionament dels sistemes automàtics de control amb les característiques específiques i prestacions de cada modalitat.

4. Calcular magnituds i paràmetres bàsics dels sistemes automàtics de control, a partir dels esquemes del sistema i característiques dels components i dispositius que el configuren.

5. Mesurar magnituds a sistemes automàtics de control amb instrumentació adequada, connectada correctament i segons procediments normalitzats.

6. Contrastar resultats de mesures realitzades en els sistemes automàtics de control amb les especificacions de la documentació tècnica i amb valors i paràmetres bàsics del sistema calculats.

7. Relacionar variacions o modificacions de components i dispositius dels sistemes automàtics de control amb els efectes observables en les magnituds i paràmetres del sistema.

2. Continguts

2.1. Conceptes

1. Principis bàsics d'automatització:

1.1. Característiques bàsiques dels sistemes i processos automàtics.

1.2. Evolució i prospectiva dels sistemes automàtics.

1.3. Característiques dels processos continus i dels processos seqüencials

3. Lògica combinacional:

3.1. Elements bàsics d'àlgebra de Boole.

3.2. Variables binàries i funcions lògiques.

3.3. Funcions lògiques combinacionals.

3.4. Implementació en les diferents tecnologies.

2.2. Procediments

3. Mesures de les magnituds i senyals en sistemes automàtics de control:

3.1. Identificació de les magnituds que s'han de mesurar.

3.2. Selecció dels instruments més adients segons les magnituds que cal mesurar i procediments que cal utilitzar.

3.3. Posada al punt dels instruments en funció del valor esperat dels resultats.

3.4. Realització de les mesures operant amb la seguretat i precisió demanades.

3.5. Interpretació dels resultats obtinguts, relacionant els efectes amb les causes. Registre de resultats en el format adequat.

3.6. Conservació dels instruments de mesura.

3.7. Calibratge dels instruments de mesura.

4. Ajust dels paràmetres del programari i dels elements del maquinari que configuren els sistemes automàtics de control:

4.1. Obtenció de les dades, paràmetres i senyals de control en els punts de test del maquinari i programari dels sistemes.

4.2. Contrastació de les dades i paràmetres de control amb les especificacions de la documentació tècnica.

4.3. Ajust dels elements del sistema.

2.3. Actituds

1. Execució sistemàtica del procés de resolució de problemes:

Presa de decisions raonades en la realització de muntatges d'automatismes pneumàtics, hidràulics, elèctrics i aplicacions d'automatismes programables, argumentant la selecció de materials i dispositius feta.

2. Optimació del treball:

Autoorganització de les seqüències de les operacions que s'han de realitzar muntant automatismes, buscant optimar la relació entre qualitat i temps.

3. Ordre i mètode de treball:

Ordenació racional de les operacions que s'han de realitzar dins de cada tasca.

Autoavaluació dels mètodes de treball emprats en operacions de manipulació, buscant millorar els factors qualitat del producte, temps emprat i disminució de la fatiga física.

Ordenació del lloc de treball, disposant les eines, útils i instruments sempre al millor lloc per ser emprats.

Acabament pulcre dels treballs, fent una verificació visual sistemàtica del producte final.

Prioritat de les tasques més significatives, ordenant sempre la seva execució davant de tasques més secundàries.

4. Compromís amb les obligacions associades al treball:

Conservació d'eines, útils i instruments, fent a iniciativa pròpia el manteniment més usual, neteja, greixatge si escau, i un ús adequat en les operacions.

Gestió racional del temps disponible per fer les tasques assignades, ordenant les operacions que s'han de fer i assignant un temps estimat segons la dificultat esperada.

Realització de les operacions segons les normatives i reglamentacions electrotècniques vigents, segons les normatives i recomanacions de seguretat personal, i normes internes del propi centre educatiu.

5. Participació i cooperació en el treball d'equip:

Autoorganització del petit o mitjà equip, distribuint les operacions segons les capacitats i habilitats de cada component, buscant la millor relació entre qualitat del producte i temps de treball.

Coordinació entre els components de l'equip, com a conseqüència de la seva pròpia autoorganització.

Tolerància davant opinions o punts de vista divergents, buscant una solució consensuada.

Flexibilitat de l'organització de l'equip, segons la tasca que s'ha de fer i els mitjans disponibles.

Autoaprenentatge de l'equip i de cada membre de l'equip, a partir d'experiències anteriors en altres tasques, reorganitzant-se i assumint diferents rols cada membre segons les seves habilitats.

6. Execució independent del treball:

Execució de les tasques que s'han de realitzar individualment amb autosuficiència i seguretat.

Autoavaluació sistemàtica de les tasques realitzades individualment, en els aspectes de qualitat del producte final, temps necessari, procés de treball seguit, adequació d'eines, útils i instruments a la tasca que s'ha de fer.

7. Intercanvi d'idees, opinions i experiències:

Obertura als companys, principalment als membres de l'equip, intercanviant idees i experiències, buscant la millor solució per executar tasques assignades.

Argumentació de les pròpies idees per resoldre cada tasca, contrastant-les amb les de la resta de components de l'equip o grup.

8. Comunicació empàtica:

Expressió de qualsevol idea amb cordialitat, respecte i tolerància envers la resta del grup.

9. Adaptació a noves situacions:

Transferència de coneixements i experiències a noves situacions.

Reorganització de la feina a partir de dificultats no previstes.

10. Respecte per la salut, el medi ambient i la seguretat laboral:

Realització de les tasques sempre sota normatives legals de seguretat i normes internes del propi centre educatiu.

Ús correcte de cada eina o útil segons l'operació que s'ha de fer.

Recollida de les deixalles en el contenidor adequat per rebre el tractament que correspongui.

11. Valoració de resultats:

Autoavaluació sistemàtica de les tasques realitzades en els aspectes de qualitat del producte final, temps necessari, procés de treball seguit, adequació d'eines, útils i instruments a la tasca que s'ha de fer.

Utilització de l'autoavaluació com a eina per a la millora de les seves execucions personals.

12. Presa de decisions:

Reflexió sistemàtica, individual o grupal, abans de prendre decisions que no han de ser immediates, argumentant i preveient les possibles conseqüències de cada possibilitat, i optant per una solució considerada com la millor segons uns criteris prèviament establerts.

Presa de decisions ràpides davant de situacions no previstes que demanen una resposta immediata, actuant amb precisió i rapidesa.

Nuclis d'Activitats

NA	Nom	Durada
7.1	Instrumentació mecànica	2
7.2	Instrumentació elèctrica	2
	HORES TOTALS	**4**

Seguretat en el Muntatge i Manteniment d'Equips i Instal·Lacions

El crèdit

"Seguretat en el muntatge i manteniment d'equips i instal·lacions" és un mòdul professional transversal, i per tant no està associat a cap unitat de competència concreta. No obstant, suposa un element bàsic en totes elles, ja que contribueix de forma directa a la consecució de les capacitats professionals i com a complement a les característiques professionals d'altres mòduls.

El crèdit s'impartirà en 2 hores setmanals, amb un total de 70 hores anuals. Aquestes dues hores es distribuiran en dues sessions d'1 hora cada una. La totalitat de les hores lectives s'impartirà en el centre educatiu, en un aula normal de classe.

Objectius del crèdit

Interpretar la normativa vigent sobre seguretat i higiene i sobre protecció del medi ambient en el sector de muntatge i manteniment d'equips i instal·lacions.

Interpretar plans de seguretat i higiene i de protecció del medi ambient en el sector de muntatge i manteniment d'equips i instal·lacions.

Relacionar els riscos més comuns en el sector de muntatge i manteniment d'equips i instal·lacions amb els mètodes de prevenció, protecció i mesures de seguretat emprades en funció de la normativa i dels plans de seguretat i higiene.

Elaborar o adequar plans de seguretat i d'actuació en funció de l'activitat de l'empresa, característiques del local, tipus de riscos i ocupació prevista.

Interpretar les normes per a l'atur i operacions externes i internes dels sistemes, màquines i instal·lacions corresponents a determinades situacions anòmales.

Identificar les zones de risc i els riscos específics a partir de la simbologia i situació física dels senyals i alarmes.

Interpretar la funció i característiques dels mitjans i equips emprats en la protecció personal, extinció d'incendis i evacuació, a partir dels manuals d'ús i normatives de seguretat i higiene.

Detectar situacions de risc i perill en el desenvolupament de les tasques de muntatge i manteniment d'equips i instal·lacions.

Relacionar les mesures de protecció personal amb la tasca o situació de risc o emergència i amb la normativa de seguretat.

Relacionar les mesures de protecció del medi ambient amb les normatives vigents.

Utilitzar els medis d'extinció d'incendis en funció de les característiques del foc i de la normativa d'utilització.

Executar accions d'emergència, d'evacuació i contra incendis en funció de plans predefinits.

Verificar l'operativitat de les mesures i mitjans de prevenció, protecció i detecció.

Valorar les responsabilitats dels treballadors i de l'empresa en cas d'accident.

Recursos

Abans d'iniciar el curs, és convenient que tots els professors del Departament de Metall que imparteixin crèdits a tallers o laboratoris i necessitin material específic, es posin d'acord entre ells sobre quins recursos necessiten i per quant de temps. Així es podran seqüenciar adequadament els continguts, objectius i activitats dels seus respectius crèdits per evitar solapament i per obtenir així el màxim aprofitament dels recursos de l' institut.

Recursos personals

El professor, que en aquest cas serà un professor de secundària de l'especialitat Organització i projectes de fabricació mecànica. El professor actuarà en coordinació amb els demés membres del Departament de Metall i de l'equip educatiu del centre.

Recursos d'espais

Debut al caràcter eminentment teòric d'aquest crèdit, s'emprarà un aula normal de classe.

Recursos materials

Els recursos didàctics que s'empraran seran:

• Material bibliogràfic de consulta: No es suggereix cap llibre de text per a aquest crèdit. El material didàctic de consulta consistirà en fitxes pràctiques i el llibre "Seguretat en ... : ciclos formativos de grados medio y superior" de José Luis Santos Durán. A més a l'alumne se li proporcionaran apunts elaborats pel professor.

• Pissarra, transparències i vídeos específics.

Material informàtic: retroprojector de transparències, ordinador amb canó projector i programes informàtics com powerpoint, excel, navegador per a recerca d'informació en Internet.

Seqüència i temporització de les Unitats Didàctiques

Ud	Nom	Durada
1	Plans i normes de seguretat i higiene.	24
2	Factors i situacions de risc.	22
3	Mitjans, equips i tècniques de seguretat.	6
4	Situacions d'emergència	10
5	Prevenció i protecció del medi ambient..	8
	HORES TOTALS	**70**

UD 1: Plans i Normes de Seguretat i Higiene

1. Objectius de la Unitat Didàctica

1. Interpretar la normativa vigent sobre seguretat i higiene i sobre protecció del medi ambient en el sector de muntatge i manteniment d'equips i instal·lacions.

2. Interpretar plans de seguretat i higiene i de protecció del medi ambient en el sector de muntatge i manteniment d'equips i instal·lacions.

3. Elaborar o adequar plans de seguretat i d'actuació en funció de l'activitat de l'empresa, característiques del local, tipus de riscos i ocupació prevista.

4. Relacionar les mesures de protecció personal amb la tasca o situació de risc o emergència i amb la normativa de seguretat.

5. Executar accions d'emergència, d'evacuació i contra incendis en funció de plans predefinits.

6. Verificar l'operativitat de les mesures i mitjans de prevenció, protecció i detecció.

2. Continguts

2.1. Conceptes
1. Plans i normes de seguretat i higiene:

1.1. Polítiques de seguretat de les empreses.

1.2. Normativa de seguretat i higiene del sector de muntatge i manteniment d'equips i instal·lacions.

1.3. Normes de neteja i ordre en el lloc de treball.

1.4. Normes sobre higiene personal.

1.5. Normes sobre simbologia i situació física de senyals.

1.6. Plans de seguretat i higiene.

1.7. Organització i responsabilitats dels treballadors en situacions d'emergència.

1.8. Condicions d'emmagatzematge de productes perillosos.

1.9. Cost de la seguretat.

2.2. Procediments
1. Anàlisi dels riscos en l'àmbit de treball:

1.1. Identificació de les situacions de risc.

1.2. Determinació de l'àmbit d'actuació dels riscos.

1.3. Recerca d'informació i dades.

1.4. Delimitació dels elements implicats.

1.5. Observació i mesura dels riscos.

1.6. Identificació de la normativa aplicable.

1.7. Proposició d'actuacions preventives i de protecció.

4. Extinció d'incendis:

4.1. Identificació de la magnitud i tipus de foc.

4.2. Selecció dels equips d'extinció i mesures de protecció personal.

4.3. Determinació de mesures d'evacuació i seguretat.

4.4. Extinció de l'incendi.

4.5. Realització d'accions posteriors a l'incendi.

2.3. Actituds

1. Respecte per la salut, el medi ambient i la seguretat laboral:

Observació de les normes de seguretat i l'aplicació de les mesures de prevenció i protecció que millor preservin el medi ambient i la salut pròpia i dels altres.

2. Execució sistemàtica del procés de resolució de problemes:

Decisió en les actuacions que s'han de realitzar en cas d'incendis, explosions, electrocucions i accidents de tipus mecànic on la rapidesa d'actuació permeti la limitació dels danys a persones o instal·lacions.

3. Execució independent del treball:

Autosuficiència en el desenvolupament de les funcions que té assignades en casos d'emergència i primers auxilis.

4. Compromís amb les obligacions associades al treball:

Compliment de les normes de seguretat personal i col·lectives.

5. Participació i cooperació en el treball d'equip:

Col·laboració amb els companys, en cas d'emergència.

Nuclis d'Activitats

NA	Nom	Durada
1.1	Polítiques de seguretat de les empreses.	2
1.2	Normativa de seguretat i higiene del sector de muntatge i manteniment d'equips i instal·lacions.	5
1.3	Normes de neteja i ordre en el lloc de treball.	2
1.4	Normes sobre higiene personal.	1
1.5	Normes sobre simbologia i situació física de senyals.	2
1.6	Plans de seguretat i higiene.	4
1.7	Organització i responsabilitats dels treballadors en situacions d'emergència.	4
1.8	Condicions d'emmagatzematge de productes perillosos.	2
1.9	Cost de la seguretat.	2
	HORES TOTALS	**24**

UD 2: Factors i Situacions de Risc

1. Objectius de la Unitat Didàctica

1. Relacionar els riscos més comuns en el sector de muntatge i manteniment d'equips i instal·lacions amb els mètodes de prevenció, protecció i mesures de seguretat emprades en funció de la normativa i dels plans de seguretat i higiene.

2. Identificar les zones de risc i els riscos específics a partir de la simbologia i situació física dels senyals i alarmes.

3. Relacionar les mesures de protecció personal amb la tasca o situació de risc o emergència i amb la normativa de seguretat.

2. Continguts

2.1. Conceptes
2. Factors i situacions de risc:
2.1. Riscos en el sector de muntatge i manteniment d'equips i instal·lacions.

2.2. Agents generadors de risc.

2.3. Mètodes de prevenció.

2.4. Proteccions en màquines i instal·lacions.

2.5. Sistemes de ventilació i evacuació de residus.

2.6. Mesures de seguretat en les operacions de muntatge, preparació de màquines, manteniment i producció.

2.2. Procediments
2. Elaboració de plans de seguretat:
2.1. Anàlisi de riscos derivats de l'activitat de l'empresa.

2.2. Anàlisi de les característiques, condicionants tècnics i ocupació del local.

2.3. Selecció de les normatives que puguin afectar.

2.4. Anàlisi de les normatives.

2.5. Determinació i situació dels mitjans de protecció i prevenció.

2.6. Selecció i situació dels senyals i alarmes.

2.7. Determinació i seqüència de les accions i operacions que s'han de realitzar en cas d'emergència.

2.8. Assignació de tasques i responsabilitats en situacions d'emergència.

2.9. Valoració del cost del pla.

2.3. Actituds

1. Respecte per la salut, el medi ambient i la seguretat laboral:

Observació de les normes de seguretat i l'aplicació de les mesures de prevenció i protecció que millor preservin el medi ambient i la salut pròpia i dels altres.

2. Execució sistemàtica del procés de resolució de problemes:

Decisió en les actuacions que s'han de realitzar en cas d'incendis, explosions, electrocucions i accidents de tipus mecànic on la rapidesa d'actuació permeti la limitació dels danys a persones o instal·lacions.

3. Execució independent del treball:

Autosuficiència en el desenvolupament de les funcions que té assignades en casos d'emergència i primers auxilis.

4. Compromís amb les obligacions associades al treball:

Compliment de les normes de seguretat personal i col·lectives.

5. Participació i cooperació en el treball d'equip:

Col·laboració amb els companys, en cas d'emergència.

Nuclis d'Activitats

NA	Nom	Durada
2.1	Riscos en el sector de muntatge i manteniment d'instal·lacions.	5
2.2	Agents generadors de risc.	4
2.3	Mètodes de prevenció.	4
2.4	Proteccions en màquines i instal·lacions.	2
2.5	Sistemes de ventilació i evacuació de residus.	2
2.6	Mesures de seguretat en les operacions de muntatge, preparació de màquines, manteniment i producció.	5
	HORES TOTALS	**22**

UD 3: *Mitjans, Equips i Tècniques de Seguretat*

1. Objectius de la Unitat Didàctica

1. Interpretar les normes per a l'atur i operacions externes i internes dels sistemes, màquines i instal·lacions corresponents a determinades situacions anòmales.

2. Interpretar la funció i característiques dels mitjans i equips emprats en la protecció personal, extinció d'incendis i evacuació, a partir dels manuals d'ús i normatives de seguretat i higiene.

3. Relacionar les mesures de protecció personal amb la tasca o situació de risc o emergència i amb la normativa de seguretat.

2. Continguts

2.1. Conceptes
4. Mitjans, equips i tècniques de seguretat:
4.1. Roba i equips de protecció personal.

4.2. Senyals i alarmes.

4.3. Equips contra incendis.

4.4. Equips de primers auxilis i trasllat d'accidentats

4.5. Tècniques per a la mobilització i trasllat d'objectes.

2.2. Procediments
1. Anàlisi dels riscos en l'àmbit de treball:
1.1. Identificació de les situacions de risc.

1.2. Determinació de l'àmbit d'actuació dels riscos.

1.3. Recerca d'informació i dades.

1.4. Delimitació dels elements implicats.

1.5. Observació i mesura dels riscos.

1.6. Identificació de la normativa aplicable.

1.7. Proposició d'actuacions preventives i de protecció.

2.3. Actituds
1. Respecte per la salut, el medi ambient i la seguretat laboral:
Observació de les normes de seguretat i l'aplicació de les mesures de prevenció i protecció que millor preservin el medi ambient i la salut pròpia i dels altres.

2. Execució sistemàtica del procés de resolució de problemes:
Decisió en les actuacions que s'han de realitzar en cas d'incendis, explosions, electrocucions i accidents de tipus mecànic on la rapidesa d'actuació permeti la limitació dels danys a persones o instal·lacions.

3. Execució independent del treball:
Autosuficiència en el desenvolupament de les funcions que té assignades en casos d'emergència i primers auxilis.

4. Compromís amb les obligacions associades al treball:
Compliment de les normes de seguretat personal i col·lectives.

5. Participació i cooperació en el treball d'equip:
Col·laboració amb els companys, en cas d'emergència.

Nuclis d'Activitats

NA	Nom	Durada
3.1	Roba i equips de protecció personal.	1
3.2	Senyals i alarmes.	1
3.3	Equips contra incendis.	2
3.4	Equips de primers auxilis i trasllat d'accidentats.	1
3.5	Tècniques per a la mobilització i el trasllat d'objectes.	1
	HORES TOTALS	6

UD 4: Situacions d'Emergència

1. Objectius de la Unitat Didàctica

1. Detectar situacions de risc i perill en el desenvolupament de les tasques de muntatge i manteniment d'equips i instal·lacions.

2. Utilitzar els medis d'extinció d'incendis en funció de les característiques del foc i de la normativa d'utilització.

3. Executar accions d'emergència, d'evacuació i contra incendis en funció de plans predefinits.

4. Verificar l'operativitat de les mesures i mitjans de prevenció, protecció i detecció.

5. Valorar les responsabilitats dels treballadors i de l'empresa en cas d'accident.

2. Continguts

2.1. Conceptes
5. Situacions d'emergència:
    5.1. Tècniques d'extinció d'incendis.
    5.2. Tècniques d'evacuació.
    5.3. Tècniques de trasllat d'accidentats

2.2. Procediments
2. Elaboració de plans de seguretat:
    2.1. Anàlisi de riscos derivats de l'activitat de l'empresa.
    2.2. Anàlisi de les característiques, condicionants tècnics i ocupació del local.
    2.3. Selecció de les normatives que puguin afectar.
    2.4. Anàlisi de les normatives.
    2.5. Determinació i situació dels mitjans de protecció i prevenció.
    2.6. Selecció i situació dels senyals i alarmes.
    2.7. Determinació i seqüència de les accions i operacions que s'han de realitzar en cas d'emergència.
    2.8. Assignació de tasques i responsabilitats en situacions d'emergència.
    2.9. Valoració del cost del pla.

3. Actuació davant d'una emergència:

3.1. Identificació del risc i magnitud de l'emergència.

3.2. Determinació i prioritat de les intervencions que s'han de realitzar.

3.3. Comunicació de l'emergència.

3.4. Organització del personal segons el pla de seguretat.

3.5. Execució de les tasques encomanades en el pla de seguretat.

4. Extinció d'incendis:

4.1. Identificació de la magnitud i tipus de foc.

4.2. Selecció dels equips d'extinció i mesures de protecció personal.

4.3. Determinació de mesures d'evacuació i seguretat.

4.4. Extinció de l'incendi.

4.5. Realització d'accions posteriors a l'incendi.

2.3. Actituds

1. Respecte per la salut, el medi ambient i la seguretat laboral:

Observació de les normes de seguretat i l'aplicació de les mesures de prevenció i protecció que millor preservin el medi ambient i la salut pròpia i dels altres.

2. Execució sistemàtica del procés de resolució de problemes:

Decisió en les actuacions que s'han de realitzar en cas d'incendis, explosions, electrocucions i accidents de tipus mecànic on la rapidesa d'actuació permeti la limitació dels danys a persones o instal·lacions.

3. Execució independent del treball:

Autosuficiència en el desenvolupament de les funcions que té assignades en casos d'emergència i primers auxilis.

4. Compromís amb les obligacions associades al treball:

Compliment de les normes de seguretat personal i col·lectives.

5. Participació i cooperació en el treball d'equip:

Col·laboració amb els companys, en cas d'emergència.

Nuclis d'Activitats

NA	Nom	Durada
4.1	Tècniques d'extinció d'incendis.	4
4.2	Tècniques d'evacuació.	4
4.3	Tècniques de trasllat d'accidentats.	2
	HORES TOTALS	**10**

UD 5: Prevenció i Protecció del Medi Ambient

1. Objectius de la Unitat Didàctica

1. Relacionar les mesures de protecció del medi ambient amb les normatives vigents.

2. Continguts

2.1. Conceptes
3. Prevenció i protecció del medi ambient:
    3.1. Factors de l'àmbit de treball.
    3.2. Factors sobre el medi ambient.
    3.3. Normatives sobre la protecció del medi ambient aplicables en el sector.

2.2. Procediments
1. Anàlisi dels riscos en l'àmbit de treball:
    1.1. Identificació de les situacions de risc.
    1.2. Determinació de l'àmbit d'actuació dels riscos.
    1.3. Recerca d'informació i dades.
    1.4. Delimitació dels elements implicats.
    1.5. Observació i mesura dels riscos.
    1.6. Identificació de la normativa aplicable.
    1.7. Proposició d'actuacions preventives i de protecció.

2.3. Actituds
1. Respecte per la salut, el medi ambient i la seguretat laboral:
Observació de les normes de seguretat i l'aplicació de les mesures de prevenció i protecció que millor preservin el medi ambient i la salut pròpia i dels altres.
2. Execució sistemàtica del procés de resolució de problemes:
Decisió en les actuacions que s'han de realitzar en cas d'incendis, explosions, electrocucions i accidents de tipus mecànic on la rapidesa d'actuació permeti la limitació dels danys a persones o instal·lacions.
3. Execució independent del treball:
Autosuficiència en el desenvolupament de les funcions que té assignades en casos d'emergència i primers auxilis.

4. Compromís amb les obligacions associades al treball:
Compliment de les normes de seguretat personal i col·lectives.
5. Participació i cooperació en el treball d'equip:
Col·laboració amb els companys, en cas d'emergència.

Nuclis d'Activitats

NA	Nom	Durada
5.1	Factors de l'àmbit de treball.	2
5.2	Factors sobre el medi ambient.	2
5.3	Normatives sobre la protecció del medi ambient aplicables al sector.	4
	HORES TOTALS	**8**

www.ingramcontent.com/pod-product-compliance
Lightning Source LLC
Chambersburg PA
CBHW022106170526
45157CB00004B/1508